HANDBUCH FÜR

PFLÜCKER

und

SAMMLER

HANDBUCH FÜR PFLÜCKER UND SAMMLER

unterwegs
am Strand, im Wald
und auf der Wiese

Erica Bakker, Ellen van den Broek
mit Illustrationen von Rachelle Klaassen

aus dem Niederländischen
von Linda Marie Schulhof

DUMONT

Die Originalausgabe erschien 2015
unter dem Titel *Handboek voor wildplukkertjes*
bei Fontaine Uitgevers, Hilversum (Niederlande).

Texte: Erica Bakker und Ellen van den Broek
Layout und Illustrationen: Rachelle Klaassen

Erste Auflage 2017

Verlagskoordination: Vera Maas
Übersetzung: Linda Marie Schulhof
Lektorat: Susanne Philippi
Satz: Vanessa Weuffel
Umschlagadaption: Birgit Haermeyer
Mitarbeit: Denise Albrecht
Druck und Verarbeitung: Publikum, Belgrad

Printed in Serbia
ISBN 978-3-8321-9919-7

www.dumont-buchverlag.de

Für unsere Eltern Herman & Annie und Martin & Elly

Inhalt

Vor langer,
Langer Zeit,
als es noch
keine Supermärkte
gab ... waren alle
Menschen Pflücker
und Sammler.

Einleitung

Bestimmt habt ihr schon mal Brombeeren gepflückt und sie euch direkt in den Mund gestopft. Oder Kastanien geröstet. Es gibt aber neben Brombeeren, Kastanien und all den anderen Früchte- und Gemüsesorten, die wir täglich essen, noch Hunderte andere essbare Pflanzen. Vor langer Zeit war es überlebenswichtig, sie erkennen zu können, denn sonst hatte man nichts zu essen. Dieses Buch ist aber kein Leitfaden zum Überleben in der Urzeit – auch wenn es schön wäre, dort mal kurz vorbeizuschauen, schon allein wegen der Dinosaurier. Nein, wir möchten zeigen, wie schön und schmackhaft die Natur sein kann.

Als wir selbst klein waren, fanden wir es immer toll, draußen zu sein. Wenn wir nicht gerade spielten oder Streiche ausheckten, waren wir irgendwo auf einem nahe gelegenen Feld oder im Wald und kletterten auf Bäume, bauten Hütten oder fuhren mit dem Rad querfeldein. Oder wir suchten und sammelten alle möglichen Dinge, um zu Hause daraus etwas zu kochen oder zu basteln. Es war eine wunderbare Zeit; wir konnten tun und lassen, was wir wollten, und lernten nebenbei viel über die Natur.

Dank dieser schönen Erinnerungen haben wir all das später auch mit unseren eigenen Kindern gemacht, obwohl wir mittlerweile in der Stadt wohnten. Hoffentlich haben sie später ebenso gute Erinnerungen an ihre Kindheit wie wir. Wird selbst gemachte Brombeermarmelade immer die beste Marmelade der Welt für sie sein? Werden sie mit Wehmut an das Kastanienrösten am lodernden Lagerfeuer zurückdenken? Nun, da sie größer sind und nicht mehr mit ihren Eltern losziehen wollen, vermissen wir all das manchmal.

Darum haben wir dieses Buch geschrieben. Im Frühjahr, Sommer und Herbst kann man vielerlei Dinge sammeln. Im Winter schläft die Natur: Die Bäume und Pflanzen sind kahl. Aber selbst dann ist es schön, nach draußen zu gehen – gerade wenn es friert oder schneit. Wir wünschen uns, dass ihr durch das Lesen und Anschauen dieses Buches Lust bekommt, einfach loszuziehen. So wie wir früher. Und dass ihr entdeckt, wie schön es ist, sich auf die Suche zu machen nach oftmals sehr gewöhnlichen, überall zu findenden und leicht erkennbaren Pflanzen und manchmal auch Tieren. Zu Hause kann dann daraus im Handumdrehen etwas überraschend Schönes und Leckeres entstehen – vielleicht sogar ein ganz und gar selbst gepflücktes zusammengesammeltes Familienessen!

Viel Spaß!

Erica Bakker
Ellen van den Broek

Pflückkalender

Januar	*Februar*	*März*	*April*	*Mai*	*Juni*
Breitwegerich, Blätter: das ganze Jahr, verblühte Ähre mit Samen: August–September					
			Brennnessel, Blätter & Spitzen		
			Gänseblümchen, Blätter: April–Juli,		
				Giersch	
				Holunder, Blüten	
					Kamille,
			Kiefer, junge Kiefernnadeln		
			Knoblauchsrauke, Blüten & Blätter		
					Lavendel,
					Linde,
				Löwenzahn, Blüten & Blätter	
				Maulbeere, Blüten	
			Meeresspargel		
				Meersalat	
					Minze, Blät
		Rohrkolben, Stängel			
					Rohrkolben
					Rose, Blüte
				Veilchen, Blüten	
				Weißdorn, Blüten	
			Wiesenkerbel, Stängel		

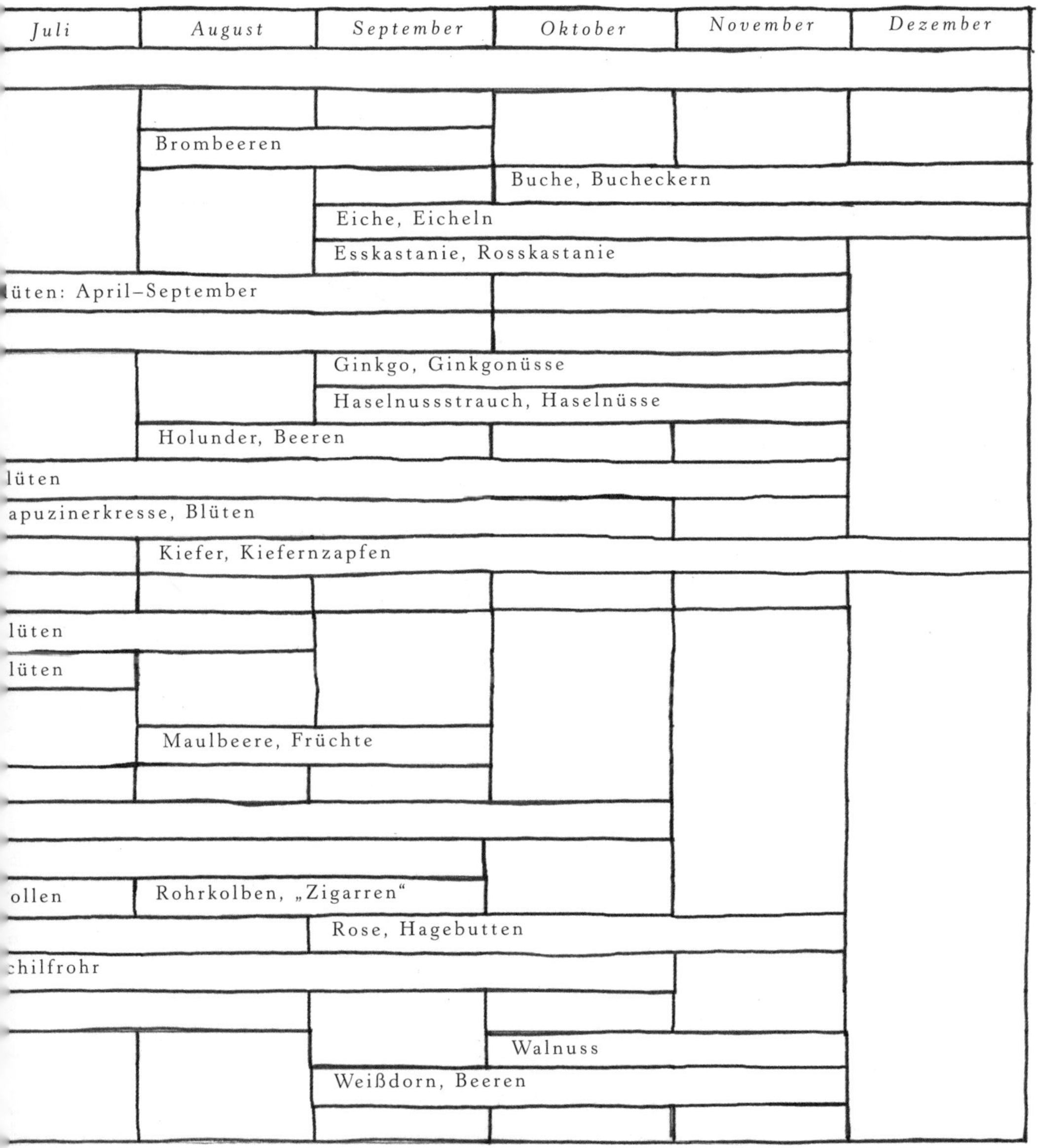
Juli
August
September
Oktober
November
Dezember
Brombeeren
Buche, Bucheckern
Eiche, Eicheln
Esskastanie, Rosskastanie
lüten: April–September
Ginkgo, Ginkgonüsse
Haselnussstrauch, Haselnüsse
Holunder, Beeren
lüten
apuzinerkresse, Blüten
Kiefer, Kiefernzapfen
lüten
lüten
Maulbeere, Früchte
ollen
Rohrkolben, „Zigarren“
Rose, Hagebutten
chilfrohr
Walnuss
Weißdorn, Beeren

nordsee
ostsee
düne
watt
düne
watt
düne
Hamburg
Müritz
Lüneburger heide
BERLIN
Spreewald
Teutoburger wald
Harz
Sauerland
Köln
Thüringer

LANDSCHAFTSKARTE

Diese Karte zeigt die bekanntesten und größten Wälder, Seen und Flüsse Deutschlands. Natürlich gibt es noch andere, aber das wären zu viele für diese Karte gewesen.

Pflück-ABC

1.

Zwei Pflücker sehen mehr als einer und haben doppelt so viel Spaß.

2.

Im eigenen Garten (oder auf dem eigenen Balkon) gibt es höchstwahrscheinlich auch essbare Pflanzen. Wenn man auf Privatgrundstücken etwas pflücken möchte, sollte man vorher fragen!

3.

Zu Hause noch mal überprüfen, ob man nicht versehentlich eine giftige Pflanze gepflückt hat.

4.

Besser nichts entlang viel befahrener Straßen, auf Wegen, wo Hunde ausgeführt werden, oder an Orten, an denen es Füchse gibt, pflücken.

5.

Ein Smartphone mit Internetzugang ist praktisch, um sofort etwas nachschauen zu können. Im Wald gibt es aber manchmal keinen Empfang.

6.

Vorsicht vor Pflanzenschutzmitteln: Keine Pflanzen oder Blumen pflücken, die gespritzt sein könnten.

7.

Pilze immer stehen lassen. Viele Pilze stehen unter Naturschutz oder sind sogar giftig.

8.

Immer in Maßen sammeln und nie mehr, als man wirklich braucht. Dann kann die Pflanze nachwachsen und man selbst und andere haben im nächsten Jahr auch noch etwas davon.

9.

Nichts zerstören und keinen Müll zurücklassen.

10.

Am besten jetzt schon anfangen, Gläser, Flaschen oder Schälchen aufzuheben: Sie werden gebraucht, um die selbst gemachten Dinge aufzubewahren.

11.

Viele weitere nützliche Pflücktipps, regionale Empfehlungen für Rad- und Wandertouren und gute Plätze zum Pflücken findet ihr auch unter: www.mundraub.org.

FRÜHJAHR

Blüten- und Blumenfest

Wenn der Winter vorbei ist und die ersten grünen Triebe zu sehen sind, beginnt es zu kribbeln. Bäume und Pflanzen blühen auf. Es scheint, als würde sich die Natur bereit machen für ein Fest.

Bei uns zu Hause wurde ein Apfelkuchen gebacken, sobald der Goldregen des Nachbarn in voller Blüte stand und die Mauer schmückte. Wir saßen gemütlich auf dem Balkon, aßen den Kuchen und bewunderten die Blüten. In Japan gehen die Menschen vor die Tür, um die rosa blühenden Kirschbäume anzuschauen. In Deutschland gibt es leider keine solche Tradition. Aber eine Tradition ist eigentlich nichts anderes als eine Mode, mit der irgendwann irgendjemand mal angefangen hat. In Amsterdam hat zum Beispiel der Hortus Botanicus, der Botanische Garten, etwas ins Leben gerufen, was vielleicht eine neue Tradition werden könnte: „Frühlingsschnee" – ein Spaziergang durch aufwirbelnde Ulmenblüten.

Je wärmer es wird, desto mehr Blüten und Blumen gibt es zu sehen. Und dann ist es auf einmal so weit: Die Grünstreifen, Wiesen und Felder erblühen. Als ob jemand draußen alles geschmückt hätte. Dann ist der Moment gekommen: raus ins Grüne!

Die schönsten Blüten und Blumen findet man im Mai und Juni. Welche blühenden Pflanzen und Bäume es gibt, hängt vom Wetter und von der Gegend ab, in der man unterwegs ist.

Ausrüstung:

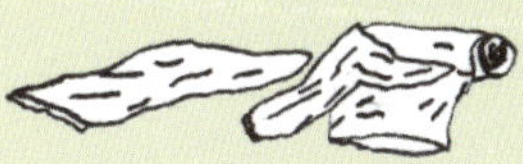

Plastiktüten und Taschen

Messer

oder

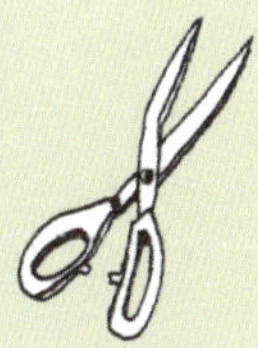

Schere

Notizheft

Kamera

oder

Smartphone

Stift

Pflanzenführer

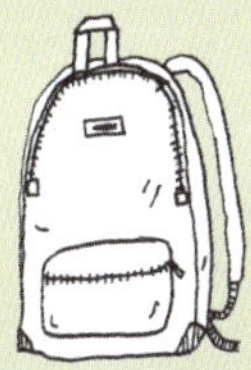

Tasche oder Rucksack mit Proviant

Eine Fotocollage erstellen

Wer findet die meisten Blumen?

Man braucht:

Kamera

oder

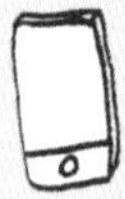

Smartphone

Computer mit einem einfachen Fotobearbeitungsprogramm, z. B. Paint

Und so geht's:

1. Alle Blumen, die man sieht, werden fotografiert. Jede Blumenart aber nur einmal. Alle Blumen zählen: Gartenblumen, Wiesenblumen, Blüten von Obstbäumen, normale Blumen, besondere Blumen, große Blumen, kleine Blumen ... Man sollte problemlos 20 Fotos von verschiedenen Blumen zusammenbekommen.
2. Zu Hause kann man dann am Computer eine Collage aus den Fotos erstellen. Eine Fotocollage ist ein Kunstwerk, das dadurch entsteht, dass man verschiedene Bilder zu einem neuen Bild zusammenfügt.

Blumen bestimmen

Jede Blume hat einen Namen. Und jede Blume hat eine eigene Familie. Manche Blumennamen sind sehr bekannt, zum Beispiel Löwenzahn oder Gänseblümchen. Es ist eine tolle Herausforderung, mehr und mehr neue Namen zu lernen. Viele Blumen haben lustige Namen, wie Dotterlein, Hirtentäschel oder Gauchheil.

Um herauszufinden, welche Blumen sich hinter diesen Namen verbergen, kann man im Internet recherchieren, im Blumenführer suchen, den man vielleicht mitgenommen hat, oder man fragt jemanden, der sich richtig gut auskennt. Und wenn man die Blume das nächste Mal sieht, weiß man nun, wie sie heißt.

Ein Herbarium anlegen

Man braucht:

zwei Hefte oder ein Heft und ein leeres Album

alte Zeitungen

schweres Buch

Stift

Klebeband

Und so geht's:

1. Die Pflanze oder Blume so weit unten am Stiel wie möglich pflücken. Auch die Blätter mitpflücken.
2. Die Blume vorsichtig zwischen zwei leere Seiten eines Heftes legen.
3. Zu Hause die Blume zwischen Zeitungspapier legen und mit einem dicken Buch beschweren. Nun kann die Pflanze trocknen. Das dauert mindestens eine Woche.
4. Dann wird die Pflanze mit Klebeband vorsichtig in ein schönes Heft oder ein Album geklebt.
5. Zum Schluss noch den Namen der Pflanze bestimmen und mit Fundort und Datum im Album vermerken.

GÄNSEBLÜMCHEN

An jedem Stängel ist nur eine Blüte, weiß mit einer gelben Mitte. Manchmal sind die Unterseiten der Blütenblätter an den Spitzen rötlich verfärbt. Die Blütenblätter sind kranzförmig angeordnet, wie eine Rosette. Gänseblümchen kann man essen. Die Blüten schmecken ein bisschen wie Radieschen. Aber man kann auch eine Blumenkette oder einen Blumenkranz aus ihnen flechten. Dafür braucht ihr Gänseblümchen mit einem langen Stiel. Zumindest die erste Blume sollte einen haben. Blumenketten und -kränze werden auf unterschiedliche Weise gemacht.

Eine Blumenkette auffädeln

Eine Kette zu machen ist sehr einfach und bedarf nicht allzu vieler Blumen.

Man braucht:

eine Handvoll Gänseblümchen

spitze Fingernägel oder ein Messer

Und so geht's:

1. Mit dem Fingernagel oder dem Messer in jeden Blumenstiel einen kleinen Schnitt machen. Dabei ganz besonders vorsichtig sein, denn die Stiele der Gänseblümchen sind sehr filigran.
2. Durch den Einschnitt vorsichtig eine Blume stecken, deren Stiel wiederum einritzen und die nächste Blume hindurchstecken und so weiter. Bald ist eine Blumenkette entstanden (s. S. 24).
3. Um die Kette zu schließen, macht man in den ersten Stiel einen zweiten Schlitz und steckt die letzte Blume hindurch.

Einen Blumenkranz flechten

Auf alten Bildern sieht man manchmal Mädchen mit Blumenkränzen, bei denen die Blumen im Gegensatz zu Blumenketten viel dichter nebeneinanderliegen. Ein Kranz besteht dementsprechend aus mehr Blumen als eine Kette. Er ist auch fester geflochten und dadurch weniger biegsam als eine Kette.

Man braucht:

4 Handvoll
Gänseblümchen

Und so geht's:

1. Gänseblümchen mit langen Stielen pflücken.
2. Das erste Gänseblümchen in der linken Hand halten und ein zweites direkt unter den Blütenkopf des ersten legen.
3. Den Stiel der zweiten Blume um den der ersten wickeln, sodass er zwischen den beiden Blütenköpfen liegt. Dann den Stiel so nach unten biegen, dass er parallel zum ersten liegt.
4. Nun hat man zwei Stiele in der Hand und nimmt eine dritte Blume.
5. Diese legt man wieder genau unter den zuletzt hinzugefügten Blütenkopf.
6. Man windet den Stiel des dritten Gänseblümchens um die Stiele der beiden ersten, sodass er zwischen den Blütenköpfen der beiden ersten und des dritten Blümchens liegt. Dann wieder nach unten zu den anderen beiden Stielen biegen. So macht man immer weiter, bis man eine feste Blumenkette hat (s. S. 25).
7. Um den Kranz zu schließen, steckt man die Stiele der letzten Blumen zwischen die des ersten. Das ist ein bisschen fummelig.

Ihr könnt die Blumenkette oder den Blumenkranz natürlich auch aus Löwenzahn machen. Da der Löwenzahn dickere Stiele hat, ist das sogar etwas einfacher. Oder ihr wechselt Löwenzahn und Gänseblümchen in einer Kette ab.

Blumenkette

Blumenkranz

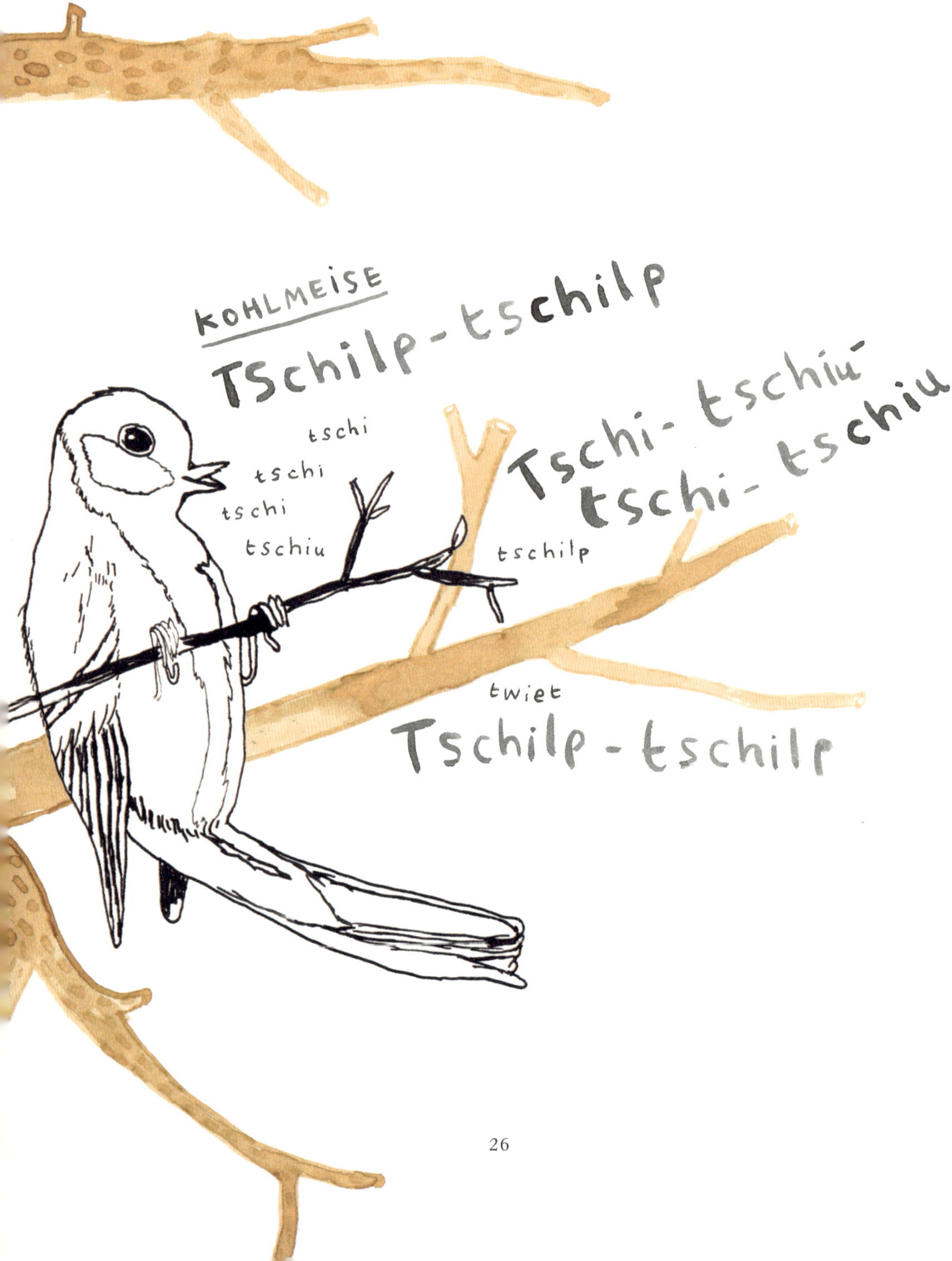
KOHLMEISE
Tschilp-tschilp
tschi
tschi
tschi
tschiu
Tschi-tschiu-
tschi-tschiu
tschilp
twiet
Tschilp-tschilp

Singende Vögel

Vögel sind am fröhlichsten, wenn der Frühling kommt. Man hört sie dann vom frühen Morgen bis zum späten Abend singen. Es gibt Vögel, die tschilpen, manche zwitschern, andere krähen, rufen Twiet-Twiet oder Kuckuck. Es gibt viele verschiedene wunderbare Vogelgesänge. Man denke an Amseln oder Drosseln. Oder den lustigen Ruf des Fasans. Er macht ein Geräusch, das wie ein bellender Husten klingt. Und wenn man dicht neben ihm steht, kann man hören, dass er dazu noch mit den Flügeln raschelt.

Man sollte im Frühling die vielen verschiedenen Geräusche und Gesänge, die überall zu hören sind, genießen, denn im Sommer geht es etwas ruhiger zu. Dann ist es für die Vögel nicht mehr so wichtig, ein Weibchen oder Männchen zu finden oder das eigene Revier abzustecken.

Am besten legt ihr euch im Frühling nach einem Picknick im Grünen ins Gras oder unter einen Baum, schließt die Augen und lauscht den vielen verschiedenen Vogelstimmen – wie viele unterschiedliche Gesänge sind es?

Tanzende Tiere

Dass wirklich Frühling ist, sieht man nicht nur an den Blumen, die überall aufblühen, sondern auch an den Tieren. Auf einmal springen die Kühe, die den ganzen Winter über im Stall standen, munter über die Weide. Und neben den Schafen tauchen kleine Lämmer auf. Jetzt macht es richtig Spaß, einen Spaziergang auf dem Land zu machen, vorbei an all den Bauernhöfen, und darauf zu achten, wann welche Tiere schon vom Stall auf die Weide gebracht wurden. Und ihr werdet sehen: Die Tiere tanzen!

WIESENKERBEL

Wiesenkerbel gehört zur Familie der Doldenblütler. Seine vielen weißen Blüten sehen aus wie eine Art Fallschirm. Der Stängel ist hohl und hat Längsfurchen. Wiesenkerbel blüht oft am Wegesrand.

Eine Wiesenkerbelflöte bauen

Aus den Stängeln des Wiesenkerbels kann man Flöten bauen. Darum wird er im Niederländischen auch fluitenkruid, „Flötenkraut“, genannt.

Man braucht:

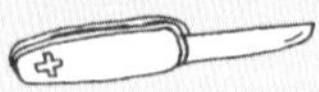

Taschenmesser

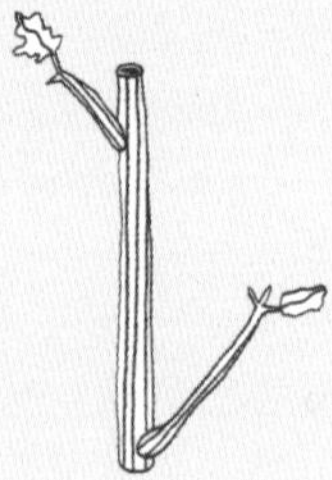

ein Stück Stängel
vom Wiesenkerbel

Und so geht's:

1. Den Stängel des Wiesenkerbels knapp unter einer Stelle, an der ein Blatt wächst, abschneiden, denn dort liegt eine Zwischenwand. Dadurch erhält man ein Röhrchen, das auf der einen Seite offen und auf der anderen geschlossen ist.
2. Den Stängel in Richtung des geschlossenen Endes ca. 10 cm lang einschlitzen.
3. Nun von der offenen Seite in das Röhrchen blasen – fertig ist die Flöte.

Konzerttipp: Je nachdem, wie dick der Stängel ist, erklingt ein höherer oder tieferer Ton. Wenn ihr zu mehreren seid, könnt ihr als Flöten-Orchester auftreten.

Essen

Ein Spaziergang macht hungrig. Man kann natürlich ein schönes Picknick mit kleinen Leckereien veranstalten, die man von zu Hause mitgebracht hat. Aber warum nicht einfach mal das essen, was man unterwegs findet? Aber Vorsicht: Es gibt nur wenige essbare Blumen. Doch die, die man essen kann, sind sehr lecker. In diesem Kapitel stellen wir Rezepte für drei der am weitesten verbreiteten vor.

LÖWENZAHN

Der Löwenzahn sieht mit seinen vielen kleinen leuchtend gelben Blütenblättern aus wie eine Sonne. Eigentlich ist der Löwenzahn nicht eine einzige Blume, sondern besteht aus vielen Hundert einzelnen Blümchen, die durch ein Band zusammengehalten werden. Jedes gelbe Blatt wird später zu einem weißen Schirmchen und die Löwenzahnpflanze dadurch zu einer Pusteblume. Der Wind weht die einzelnen Schirmchen in alle Himmelsrichtungen. Er lässt sich dabei natürlich auch gerne von euch helfen!

Wenn man den hohlen Stängel des Löwenzahns durchbricht, läuft ein milchiger Saft heraus. Die Blätter wachsen ganz unten am Stängel in einem Kranz um ihn herum. Sie sehen aus wie Pfeile mit Einbuchtungen oder wie ein gezeichneter, dünner Weihnachtsbaum. Man kann sowohl die Blätter als auch die Blüten essen, die jedoch ein wenig bitter schmecken können. Am leckersten ist Löwenzahn im Frühjahr, wenn man die jungen Blätter und Blütenblätter pflücken kann.

Man kann Löwenzahnblätter auch auf dem Markt oder bei einem gut sortierten Gemüsehändler kaufen. Dort gibt es manchmal auch gebleichten Löwenzahn, der in Italien und Frankreich recht verbreitet ist. Dieser Kultur-Löwenzahn schmeckt weniger bitter als die Wildpflanze, weil er beim Anbau leicht zugedeckt oder im Dunkeln gezogen wurde. Wir pflücken die Löwenzahnblätter selbst, direkt von der Pflanze, und brauchen daher nur wenig. Wenn man die Blätter zwei Stunden in Wasser einweicht, schmecken sie weniger bitter.

Löwenzahnbutter

Man braucht:

15 Blütenköpfe des Löwenzahns

250 g weiche Butter

1 EL Pflanzenöl

eine Prise Salz

1 EL Zitronensaft

eine Prise Zucker

Und so geht's:

1. Die Blüten waschen und vorsichtig trocken tupfen.
2. Die gelben Blütenblätter abzupfen.
3. Die Blütenblätter unter die Butter rühren.
4. Öl, Zitronensaft, Salz und Zucker dazugeben.
5. Alles gut miteinander vermengen.

Salat mit Löwenzahn und Gänseblümchen

Die Gänseblümchen, die wir ja schon zu Blumenketten und -kränzen geflochten haben, kann man übrigens auch essen. Egal ob Blätter, Knospen oder Blüten – alle Pflanzenteile schmecken gut, vor allem, wenn sie noch jung sind. Zusammen mit den Blättern und Blütenblättern des Löwenzahns ergeben sie einen leckeren Salat.

Man braucht:

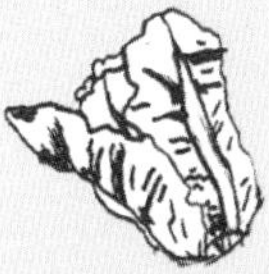

1 Salatkopf

3 EL
Olivenöl

eine Prise
Pfeffer

1 TL Honig

1 EL
Zitronensaft

eine Prise
Salz

eine Handvoll
Löwenzahn- und
Gänseblümchenblüten

eine Handvoll Löwenzahn- und
Gänseblümchenblätter

Und so geht's:

1. Blüten und Blätter sorgfältig waschen.
2. Die Salatblätter vom Kopf lösen und ebenfalls waschen.
3. Den Salat trocknen und mit den Löwenzahn- und Gänseblümchenblüten und -blättern in eine Schüssel geben.
4. Aus Olivenöl, Honig, Zitronensaft, Salz und Pfeffer das Dressing anrühren.
5. Das Dressing über den Salat geben.
6. Mit ein paar Blüten verzieren.

Der Salat schmeckt noch besser, wenn ihr Tomaten, Eier oder Nüsse hinzufügt.

Holunderblüten

Löwenzahn und Gänseblümchen erinnern geschmacklich an Radieschen. Es gibt aber auch eine Blume, die süßer schmeckt: die Holunderblüte. Eigentlich ist es keine Blume, sondern, wie der Name schon sagt, eine Blüte. So nennt man die Blumen von einem Baum oder Strauch. Holundersträucher wachsen eigentlich fast überall, am Feld- und Wegesrand, in der Nähe von Bächen, an der Straße, in Parks oder in Vorgärten. Im Mai und Juni verwandelt sich der Holunderstrauch in ein prächtig blühendes Bukett. Die Blüten sind weiß oder cremeweiß und wachsen in Form eines Schirms. Jeder Strauch besteht aus sehr vielen dieser Blütenschirme, die süßlich duften. Genau diese Schirme brauchen wir.

Zu Hause könnt ihr aus den Holunderblüten leckere Pfannkuchen oder Limonade machen. Roh kann man die Blüten jedoch nicht essen.

Holunderblütenpfannkuchen

Man braucht:

Und so geht's:

1. Die Holunderblüten vorsichtig waschen.
2. Nach dem Waschen kurz ausschütteln, damit keine Tiere mehr in den Blüten sitzen.
3. Anschließend die Blüten zum Trocknen auf ein sauberes Geschirrtuch legen.
4. Das Ei in der Rührschüssel mit einer Prise Salz schaumig schlagen und nach und nach das Mehl zugeben.
5. Dann kommt die Milch in kleinen Portionen dazu. Mit dem Schneebesen oder Handmixer weiterrühren, bis ein glatter Teig ohne Klümpchen entstanden ist.
6. Die Blüten vom Schirm zupfen und vorsichtig unter den Teig heben.
7. Butter in der Pfanne zerlassen und Pfannkuchen backen.
8. Etwas Puderzucker darüber – fertig!

Holunderblütensirup

Man braucht:

25 Holunderblütenrispen

2 große Töpfe

Zitruspresse

2 Zitronen

1 Liter kochendes Wasser

Sieb

sauberes Geschirrtuch

1 kg Zucker

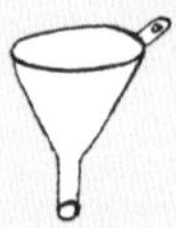

Trichter

große saubere Flasche

Und so geht's:

1. Die Holunderblüten vorsichtig waschen.
2. Die gewaschenen Holunderblüten in einen Topf geben.
3. Die Zitrone auspressen und den Saft und die Schale zu den Holunderblüten geben.
4. Dann vorsichtig das kochende Wasser angießen.
5. Den Topf abdecken und das Ganze 24 Stunden ziehen lassen.
6. Am nächsten Tag das Sieb auf den zweiten Topf setzen und das saubere Geschirrtuch hineinlegen.
7. Den Inhalt des ersten Topfs vorsichtig durch das Sieb mit dem Geschirrtuch schütten. Abtropfen lassen.
8. Das Sieb aus dem Topf nehmen und den Zucker zufügen. Blütenwasser und Zucker 10 Minuten kochen. Gelegentlich umrühren.
9. Den Sirup abkühlen lassen.
10. Anschließend durch den Trichter in die saubere Flasche gießen.
11. Für ein Glas Limonade vermengt ihr einen Teil Sirup mit fünf Teilen Wasser.

Es dauert zwar einen Tag, aber dann kann man ein Glas leckere, selbst gemachte Limonade trinken. Am besten serviert ihr sie gekühlt und mit ein paar Holunderblüten garniert. Im Kühlschrank hält sich der Sirup einige Wochen. Wenn man die Flasche mit dem Sirup eine halbe Stunde in kochendes Wasser stellt, hält er sich bis zu einem Jahr. Das nennt man pasteurisieren.

FRÜHJAHR

WILDES UFER

Wenn man einem Ausländer etwas über die Niederlande erzählen möchte, ist man schnell beim Thema Wasser. Hier ist man eigentlich immer in der Nähe von Wasser: dem Meer, einem Fluss oder Bach, einem See oder Wassergraben. Darum lernt man in den Niederlanden auch schon in sehr jungen Jahren schwimmen. Aber auch in Deutschland gibt es sehr viel Wasser. An Ufern kann man so viele Dinge entdecken, dass es ein Leichtes ist, dort mehrere Stunden zu verbringen. Man sollte aber darauf achten, dass das Ufer nicht zu steil ist und man gut ans Wasser herankommt, ohne hineinzufallen. Und zu dreckig sollte es auch nicht sein – also ohne Müll am oder im Wasser.

Ein Ausflug an einen See, Fluss oder ein anderes Binnengewässer bedarf etwas Vorbereitung. Vor allem, wenn ihr Wassertiere beobachten oder fangen möchtet. Daher bauen wir uns als Erstes das dafür notwendige Hilfsmittel.

Ausrüstung:

robuste Plastik-
tüten

Tasche oder Rucksack
mit Proviant

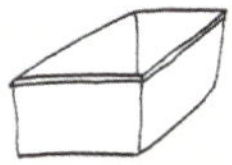

Behälter

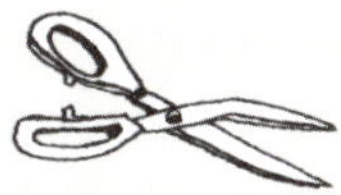

Schere

Gummistiefel

Handschuhe

unterwassergucker

Man braucht:

Tape, z. B.
Gaffa-Tape

eine große leere Konservendose
ohne Deckel und Boden

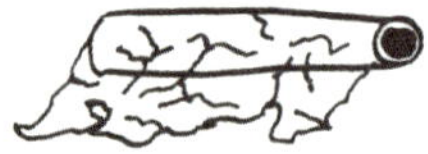

durchsichtige Plastikfolie, z. B.
Frischhaltefolie, 20 x 20 cm

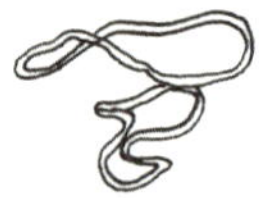

2 große Gummibänder

Und so geht's:

1. Die scharfen Kanten der Dose mit dem Tape überkleben.
2. Die Dose auf die Folie stellen.
3. Die Folie so straff wie möglich um die Dose hochschlagen und mit den Gummibändern befestigen.
4. Wenn ihr sichergehen wollt, dass auch wirklich kein Wasser eindringt, könnt ihr zusätzlich noch ein Stück Tape über den Rand der Folie kleben.
5. Weil das Wasser die Folie ein wenig hochdrückt, sieht man alles etwas vergrößert.

kescher

Man braucht:

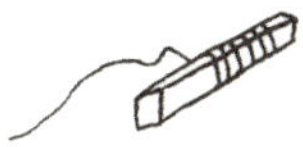

festen Eisendraht,
mind. 40 cm

kleine Metallsäge
oder Kneifzange

alte Gardine, rund zugeschnitten mit einem Durchmesser von mind. 50 cm (für einen kleineren Kescher kann man auch eine Strumpfhose zerschneiden)

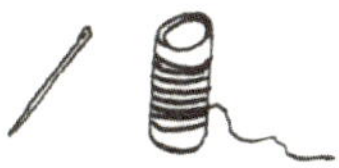

Nadel und Faden

ein langes
Seil

einen langen Stock

Und so geht's:

1. Ein Stück Draht absägen oder abkneifen und einen Ring daraus formen.
2. Die beiden Enden des Drahts umeinanderwickeln, damit der Ring geschlossen ist.
3. Die Gardine um den Drahtring legen, sodass der Stoff in der Mitte wie ein Sack herunterhängen kann.
4. Den Stoff am Ring festnähen.
5. Vom Seil drei 50 cm lange Stücke abschneiden und in gleichen Abständen am Drahtring festbinden.
6. Die Enden der drei Seile zusammenknoten.
7. Einen langen Stock suchen und mit einem weiteren Stück Seil das Netz daran befestigen.

SCHILFROHR

Schilfrohr könnt ihr gar nicht übersehen, wenn ihr euch an ein Ufer begebt. Es wächst beinahe überall. Schilfrohr gehört zu den Süßgräsern und wird sehr hoch. Es hat einen kräftigen Stängel, an dem längliche, einige Zentimeter breite Blätter wachsen, die am Ende spitz zulaufen. Schilfrohr blüht den ganzen Sommer und Herbst hindurch. Die Blütenähren sind lilabraun und sehen aus wie kleine Federn. Schilfrohr kann eigentlich nicht knicken, weil die Stängel sehr biegsam sind und die Blätter sich mit dem Wind bewegen. Dadurch eignet es sich besonders gut, um darin ein Vogelnest zu bauen. Auch andere Tiere fühlen sich im Schilfrohr wohl. Unter Wasser bietet es beispielsweise Wassertieren Schutz.

Wassertierchen fangen

Insekten und Käfer, die im Wasser leben, haben oft lustige Namen, zum Beispiel Wasserläufer oder Wassernymphen! Eine Nymphe ist eine junge Göttin, die in der griechischen Mythologie in Teichen und Flüssen herumschwebt und tanzt. So eine Nymphe kann man allerdings selten mit einem Kescher fangen. Die Nymphe einer Libelle hingegen schon. Weibliche Libellen legen im Wasser ihre Eier, aus denen Larven schlüpfen. Diese Larven werden auch Nymphen genannt und leben rund zwei Jahre unter Wasser, bis schließlich eine Libelle aus ihnen wird. Libellen können sich bewegen wie kleine Helikopter: Sie können in der Luft stehen bleiben, vertikal nach oben und unten und sogar rückwärts fliegen. Wenn die Nymphe zu einer Libelle geworden ist, lebt sie höchstens noch ein paar Monate.

Man braucht:

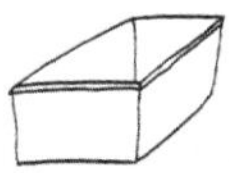

blickdichte Behälter aus Plastik, z. B. leere Margarinen- oder Eispackungen

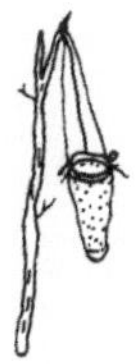

Kescher

Und so geht's:

1. Die Behälter mit Wasser aus dem See, Teich oder Fluss füllen.
2. Den Kescher langsam durch das Wasser bewegen, am besten an Stellen entlang, an denen Schilfrohr wächst.
3. Das Netz mit der Innenseite nach außen gestülpt auf die Plastikbehälter legen.
4. Einen Moment warten, bis der Sand nach unten gesunken ist, und dann schauen, was man alles gefangen hat.
5. Anschließend die Tiere wieder ins Wasser zurücksetzen.

Ein Schilfboot bauen

Man braucht:

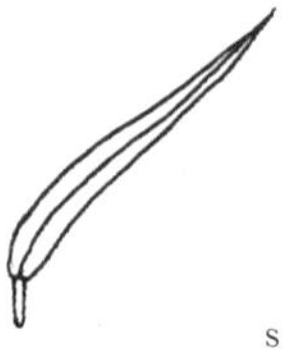

Schilfrohrblatt

scharfe Fingernägel
oder Schere/Messer

Und so geht's:

1. Genau in der Mitte des Blatts mit dem Fingernagel, einer Schere oder einem Messer einen Schnitt in Längsrichtung machen.
2. Die Blattspitze in die Richtung des Schnitts biegen und durch die Öffnung stecken. Fertig!

Mit etwas mehr Aufwand kann man auch ein schöneres Boot machen:

1. Die Spitze des Blatts durch die Öffnung des Stiels am Blattende stecken und ein kleines Stück weiter durchschieben. Die Spitze des Blatts kommt am Ende der Öffnung wieder heraus.
2. Das Blatt so ausrichten, dass der Stiel in der Mitte ist und nach oben zeigt.
3. Mit dem Fingernagel das Blatt rechts und links falzen, sodass das Blatt dort doppelt liegt.
4. Beide Enden jeweils zweimal einschneiden.
5. Auf beiden Seiten das Blattstück zwischen den Einschnitten hochklappen und die beiden äußeren Enden ineinanderschieben. Bug und Heck des Bootes sind fertig – und damit das Boot.

Das Boot ins Wasser setzen und fahren lassen. Für eine Regatta mit mehreren Booten braucht ihr ein Gewässer mit Strömung oder Wind, sonst bleiben die Boote stehen.

Einfaches Boot

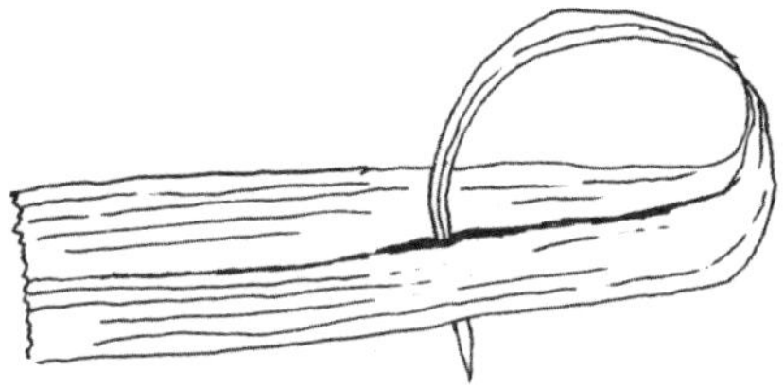

Schöneres Boot

Schritt 1

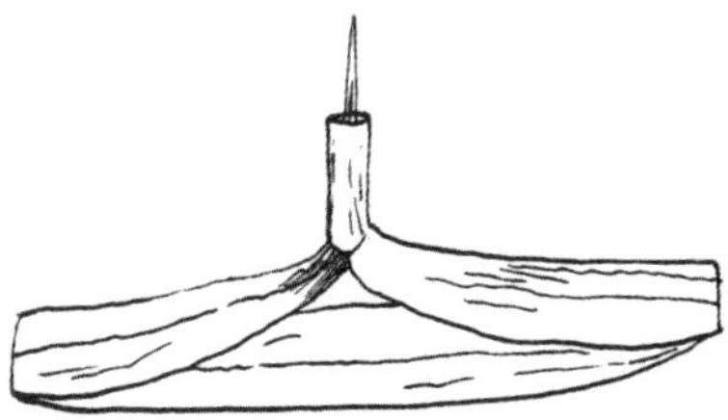

Schritt 2 + 3

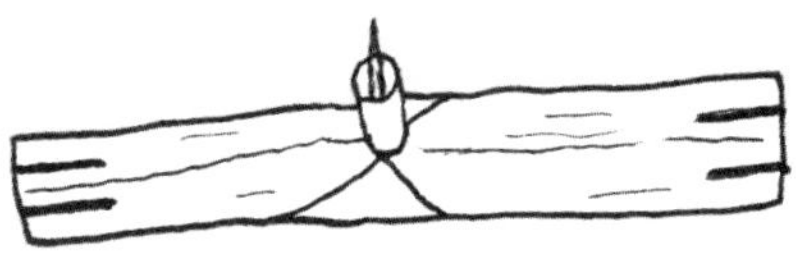

Schritt 4

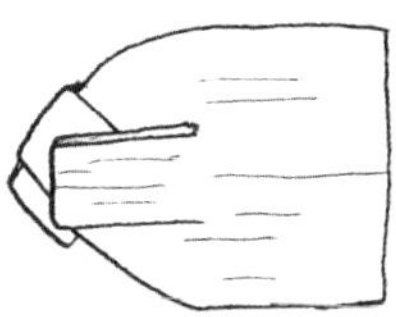

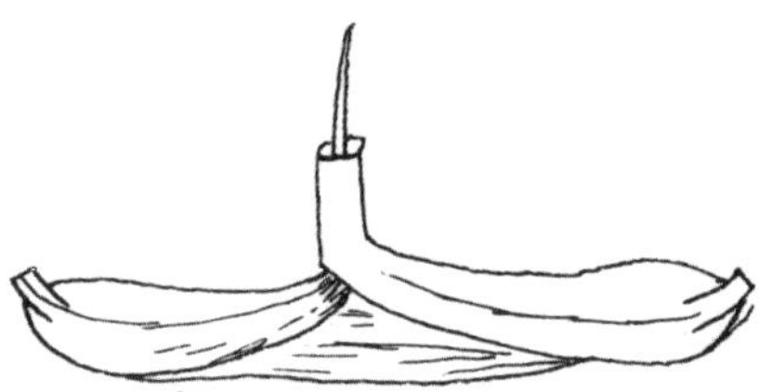

Schritt 5

ROHRKOLBEN

Rohrkolben gehören wie das Schilfrohr zu den Röhrichtpflanzen und wachsen ebenfalls am oder im Wasser. Rohrkolben haben lange, schmale Blätter. Am Ende des Stängels sitzt ein brauner Kolben mit einer dünnen Verlängerung (das ist die Ähre).

Der obere braune Kolben sieht ein bisschen aus wie eine Zigarre. Die Blüten des Rohrkolbens nehmen im Juni und Juli erst eine gelbbraune Farbe an und werden später braunschwarz. Wenn die Pflanze verblüht ist, bilden sich Samen mit kleinen Schirmchen. Man findet Rohrkolben am Rande von Wassergräben, Seen oder Flüssen. Es sind besondere Pflanzen, da sie das Wasser reinigen. Und wie beim Schilfrohr können Wassertiere sich gut zwischen ihren Stängeln oder Wurzeln verstecken.

Rohrkolben kann man essen. Das wusste man schon vor über 30.000 Jahren. Ausgrabungen haben ergeben, dass bereits unsere Vorfahren Rohrkolben aßen. Fast die gesamte Pflanze ist essbar: Wurzeln, Stängel, Pollen und Samen. Wir werden uns hier mit den jungen Stängeln und dem Pollen beschäftigen, denn diese beiden Pflanzenteile finden wir am leckersten!

Der Stängel ist durchgeschnitten, damit er auf die Buchseite passt. Die beiden Enden, die mit einem Kreuzchen markiert sind, gehören zueinander.

Rohrkolben-Sticks

Junge Stängel erntet man zu Beginn des Frühjahrs, im März und April.

Man braucht:

Rohrkolbenstängel

Messer

Und so geht's:

1. Einen Rohrkolbenstängel abschneiden, der nicht länger als 50 cm ist.
2. Den Stängel in ca. 10 cm lange Stücke schneiden und schälen.

Fertig. Rohrkolbenstängel schmecken ein wenig nach Gurke. Ihr könnt auch noch einen Dip dazu machen. Die Sticks halten sich recht lange. Ihr könnt sie auch mit zur Schule oder zur Arbeit nehmen.

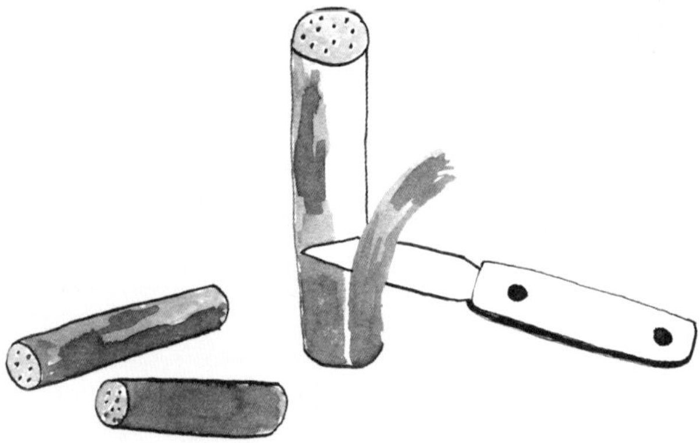

Rohrkolben-Fackel

Man braucht:

Seil

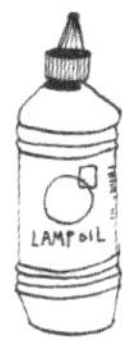

Lampenöl

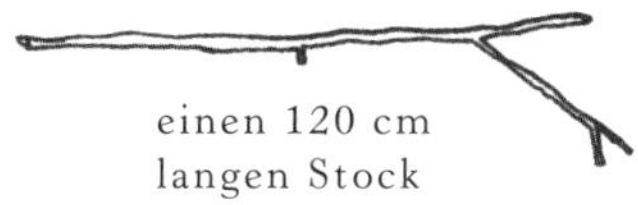

einen 120 cm langen Stock

Streichhölzer

Rohrkolben mit langem Stängel

Und so geht's:

1. Den Rohrkolben trocknen lassen.
2. Dann mit dem Seil schön fest an den Stock binden.
3. Darauf achten, dass das Seil ein gutes Stück unter dem Kolben endet.
4. Den Kolben in das Lampenöl tauchen und den Stock an einem sicheren Ort in den Boden stecken. Es darf nichts in der Nähe sein, das leicht Feuer fangen kann.
5. Anzünden!

Pfannkuchen mit Rohrkolbenpollen

Im Juni und Juli blüht der Kolben (die „Zigarre") gelblich-braun. Die Pflanze ist reif und die Blüten produzieren Blütenstaub, den man auch Pollen nennt. Man erntet die Pollen, indem man die Pflanze vorsichtig Richtung Boden biegt und an die Ähre klopft. Die Pollen-Wolke, die dabei entsteht, fängt man mit einem Behälter auf. Die Pollen der Rohrkolben kann man für Pfannkuchenteig verwenden.

Wenn ihr nicht so viel Geduld habt, um genug Blütenstaub zu sammeln, könnt ihr ihn auch mit normalem Mehl strecken. Das geht schneller und der Pfannkuchen schmeckt trotzdem nach Rohrkolben.

Man braucht:

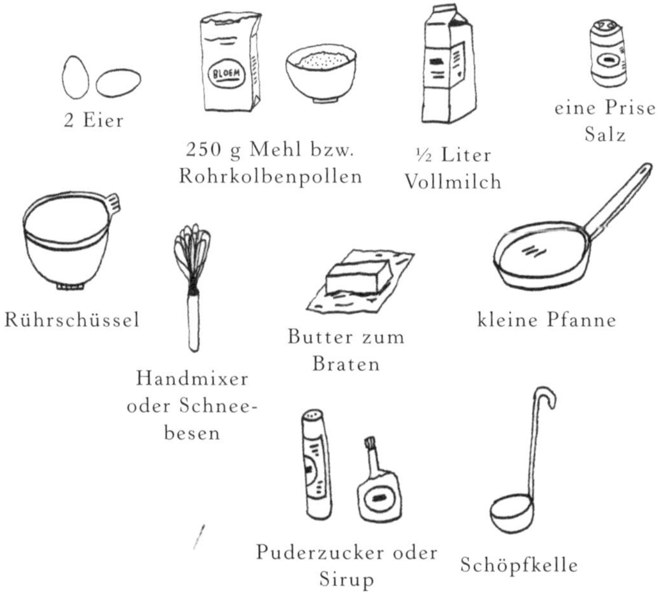

Und so geht's:

1. Die Eier in die Rührschüssel schlagen.
2. Mit einem Mixer die Eier mit dem Salz verquirlen.
3. Dann die Pollen bzw. das Mehl unterrühren.
4. Nach und nach die Milch hinzufügen. Dabei weiterrühren, bis keine Klümpchen mehr zu sehen sind.
5. Die restliche Milch dazugeben – der Pfannkuchenteig ist fertig.
6. Etwas Butter in einer Pfanne zerlassen.
7. Eine Schöpfkelle voll Teig hineingeben.
8. Die Pfanne schwenken, sodass der Teig den gesamten Boden bedeckt.
9. Den Pfannkuchen wenden, sobald die Oberseite fast trocken ist.

Eventuell noch mehr Butter in die Pfanne geben. Der Pfannkuchen ist fertig, wenn beide Seiten goldbraun sind. Weitere Pfannkuchen backen, bis der Teig aufgebraucht ist.

Dazu schmeckt Puderzucker oder Pfannkuchensirup. Oder Früchte mit Minzzucker (s. S. 55).

MINZE

Frische Minze kann man inzwischen in vielen großen Supermärkten kaufen. Oder selbst sammeln, und zwar von Juni bis September in der Nähe von Gewässern. Es gibt viele verschiedene Sorten Minze: Rossminze, Pfefferminze, Grüne Minze. Jede Sorte sieht etwas anders aus. Am Wasser findet man meistens, wie sollte es anders sein, Wasserminze. Man erkennt sie an ihren leicht behaarten Blättern und ihren hellllila Blüten, die kugelig angeordnet sind. Und natürlich am frischen Minzgeruch, der entsteht, wenn man ihre Blätter sanft zwischen den Fingern reibt. Manchmal riecht man die Minze sogar, bevor man sie sieht. Man pflückt sie mit Stängel. In der Regel genügt eine Handvoll.

minztee

Warum trinken die Menschen in warmen Ländern so viel Tee? Ganz einfach: Wenn es warm ist, soll man viel trinken. Kalte Getränke kühlen den Körper zwar ab, aber der Körper muss sich danach anstrengen, die Temperatur wieder auf ein normales Maß zu erhöhen. Und davon wird einem wieder warm. Darum ist es sinnvoller, etwas Warmes zu trinken, wenn es draußen warm ist. Und warum trinken die Menschen dann warmen Minztee? Weil Minze Minzöl enthält, das dafür sorgt, dass der Tee eine kühlende Wirkung hat – ohne dass der Körper danach arbeiten muss, um sich wieder aufzuwärmen.

Man braucht:

eine Handvoll Minzblätter

heißes Wasser

Teekanne

Tasse

Honig

Und so geht's:

1. Die Minze mit Stiel in die Teekanne oder -tasse geben.
2. Mit kochendem Wasser übergießen und 5 Minuten ziehen lassen. Wenn ihr euren Tee gerne süß trinkt, könnt ihr noch Honig hineinrühren.

minzlimonade

Vielleicht doch lieber etwas Kühles für warme Tage?

Man braucht:

eine Handvoll Minzblätter

2 EL Zucker

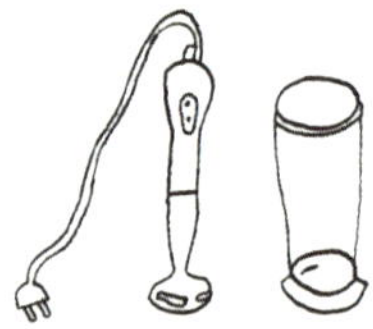

Küchenmaschine oder Stabmixer mit dazugehörigem Becher

Saft von 1 Zitrone

1 Glas kaltes Wasser

Limonadenglas

Und so geht's:

1. Minzblätter, Zucker, Zitronensaft und Wasser in die Küchenmaschine geben.
2. Eine Runde mixen und fertig ist die Limonade.

Früchte mit Minzzucker

Minzzucker passt gut zu Ananas oder Erdbeeren.

Man braucht:

eine Handvoll Minzblätter

2 EL Zucker

Ananas, Erdbeeren oder andere Früchte, klein geschnitten

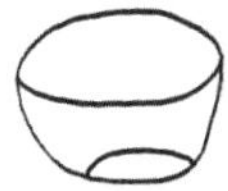

Schüssel oder Schale

Mörser und Stößel

Und so geht's:

1. Die Minzblätter in kleine Stücke zupfen und zusammen mit dem Zucker in den Mörser geben.
2. Die Minze mit dem Stößel zerreiben, sodass sie sich gut mit dem Zucker vermischt.
3. Den Minzzucker unter die Früchte mengen.

Wenn ihr euch verwöhnen wollt oder einen Nachtisch braucht, könnt ihr noch Schlagsahne oder griechischen Joghurt dazugeben.

Knoblauchsrauke

Etwas weiter vom Wasser entfernt findet man im Frühjahr (April bis Juli) Knoblauchsrauke. Sie wächst oft in Gebüschen oder Hecken, aber auch in Wäldern, da sie Schatten mag. Die Pflanze wird recht groß, einen halben bis zu einem Meter. Die Blätter haben die Form eines Herzens mit einer länglichen Spitze. Ihr Rand ist gezackt. Die untersten Blätter haben eine runde Spitze. Die Blüten der Knoblauchsrauke sind weiß.
Ihren Namen verdankt die Knoblauchsrauke ihrem zwiebel- bzw. knoblauchartigen Geruch, den man besonders gut riechen kann, wenn man ein Blatt zwischen den Fingern sanft zerreibt. Die Pflanze gehört aber nicht zu der Familie der Zwiebeln oder des Knoblauchs.
Neben ihrem Geruch weist die Pflanze noch eine Besonderheit auf: Sie kann gleichzeitig Knospen, Blüten und Früchte tragen. Die meisten anderen Pflanzen entwickeln diese drei Stadien nacheinander, nicht gleichzeitig. Die Knoblauchsrauke gehört zur Familie der Kreuzblütengewächse.
Manche Menschen mögen Knoblauch, sind aber gegen ihn allergisch. Dann ist Knoblauchsrauke ein guter Ersatz.

Mückenstiche lindern

Die Wahrscheinlichkeit, dass ihr in der Nähe von Gewässern Mücken begegnet, die nur darauf gewartet haben, jemanden stechen zu können, ist recht hoch. Zum Glück gibt es ein natürliches Mittel bei Mückenstichen: Man nimmt einfach ein Blatt der Knoblauchsrauke, zerreibt es und betupft damit den Stich. Der Juckreiz wird auf diese Weise rasch gelindert.

Mayonnaise mit Knoblauchsrauke

Man braucht:

Und so geht's:

1. Eiweiß und Eigelb voneinander trennen. Das Eiweiß einfrieren, damit man es zu einem späteren Zeitpunkt für ein anderes Rezept verwenden kann (z. B. für die gezuckerten Blüten von S. 92).
2. Das Eigelb zusammen mit Knoblauchsrauke, Essig, Senf und Zitronensaft in den hohen Becher des Stabmixers geben.
3. Kurz mit dem Stabmixer aufschlagen.
4. Und jetzt kommt der kniffeligste Moment: Den Stabmixer wieder anstellen und Tropfen für Tropfen das Öl unterschlagen. Vor allem zu Beginn sehr wenig Öl dazugeben und immer so lange mixen, bis es vollständig aufgenommen wurde. Erst danach wieder neues Öl zufügen. Die Mayonnaise wird schnell dicker.
5. Zum Schluss mit Salz abschmecken.

Die Mayonnaise ist in einem verschließbaren Glas im Kühlschrank bis zu einer Woche haltbar. Es gibt diese Woche also oft Pommes! Aber damit kann man leben. Wenn ihr es noch einfacher haben möchtet, könnt ihr die Knoblauchsrauke auch einfach klein schneiden und in Mayonnaise aus dem Supermarkt rühren.

BRENNNESSEL

Kaum einer kennt sie nicht, die Brennnessel. Man wird schon vor ihr gewarnt, wenn man gerade laufen gelernt hat: „Vorsicht, nicht an die Brennnessel kommen!“. Aber es tut auch wirklich gemein weh; als würde die Haut brennen. Daher hat die Brennnessel auch ihren Namen. Ihre Blätter haben einen gesägten Rand. Der Stängel ist vierkantig und hat kleine Borstenhaare. Die recht unauffälligen Blüten sind gelbgrün oder gelbbraun und als längliche Rispen angeordnet.
Und womit verursacht die Brennnessel diesen brennenden Schmerz? Schuld daran sind ihre Haare, die überall am Stängel und an den Blättern sitzen. Bei der leichtesten Berührung bricht die Spitze der Brennhaare ab. Das untere Ende der Brennhaare dringt nun wie eine kleine Spritze in die Haut ein und gibt eine spezielle Flüssigkeit ab, die diese Reaktion auslöst.

Auf den ersten Blick ist es also keine angenehme Pflanze, aber man kann daraus zum Beispiel eine köstliche Hexensuppe kochen. Brennnesseln sind sehr gesund und wachsen entlang von Wald- und Feldwegen und auf brachliegendem Gelände. Man pflückt sie natürlich nicht mit bloßen Händen, sondern zieht Handschuhe an oder nimmt notfalls eine Plastiktüte. Der obere Teil des Stängels und die oberen Blätter sind essbar, der Rest ist zu zäh. Am besten pflückt man Brennnesseln im Frühjahr, wenn die Pflanze noch jung ist. Im Herbst kann man nur die Spitzen der Pflanze verwenden.

Hexensuppe

Man braucht:

- 1 Plastiktüte voll mit Brennnesselspitzen
- 1 große Zwiebel
- 1 Knoblauchzehe
- 2 EL Mehl
- 2 EL Olivenöl
- 2 Kartoffeln
- Salz
- 1 Liter Gemüsebrühe
- Pfeffer
- Sparschäler
- scharfes Messer
- Holzlöffel
- Kochtopf
- Stabmixer
- Handschuhe

Und so geht's:

1. Die Brennnesseln waschen (Handschuhe an!).
2. Die Zwiebel und den Knoblauch schälen und sehr fein schneiden.
3. Die Kartoffeln mit dem Sparschäler schälen und in kleine Stücke schneiden.
4. Den Kochtopf auf den Herd stellen und warm werden lassen. Dann das Olivenöl hineingeben. Die Zwiebel und den Knoblauch einige Minuten im heißen Öl dünsten.
5. Das Mehl in den Topf streuen und mit dem Holzlöffel gut mit den Zwiebel- und Knoblauchstücken vermengen. Dann nach und nach die Gemüsebrühe angießen.

6. Die Kartoffelstücke und Brennnesseln dazugeben. Die Suppe 15 Minuten kochen lassen, bis die Kartoffeln gar sind. Um sicherzugehen, ein Stückchen Kartoffel probieren.
7. Dann die Suppe mit dem Stabmixer fein pürieren.
8. Mit Salz und Pfeffer abschmecken und fertig ist die Hexensuppe!

Wer es noch gruseliger mag, kann „Spinnen“ in die Suppe geben: kleine Hackbällchen mit Spinnenbeinen aus Spaghetti.
Dazu könnt ihr Baguette mit Löwenzahnbutter (s. S. 32) oder Knoblauchsrauken-Mayo (s. S. 59) servieren.

BREITWEGERICH

Wenn Euch die Brennnessel beim Pflücken doch erwischt hat, könnt ihr rasch nach Breitwegerich suchen. Ein Blatt genügt, um den Schmerz zu lindern. Man rollt es zu einem Ball und reibt damit über die schmerzende Stelle.

Breitwegerich erkennt man an seinen breiten, eiförmigen Blättern, die in einem Kranz um den Stängel wachsen. Breitwegerich ist so robust, dass es ihm nichts ausmacht, wenn man über ihn drüberläuft. Darum wächst er auch manchmal mitten auf dem Weg.

Vogelfutter

Wer zu Hause einen Vogel hat, kann ihm mit Breitwegerich eine Freude machen. Dessen kleine Blüten bilden eine Ähre, die man pflücken und in den Vogelkäfig hängen kann. Wellensittiche und andere Vögel mögen die Blütenähren sehr gerne.

Sommer in der Stadt

Natürlich ist es am schönsten, im Sommer in den Urlaub zu fahren. Aber auch in der Stadt gibt es viele tolle Dinge zu entdecken.

Das Fenster steht offen. Die Sonne scheint, die Gardinen bewegen sich im warmen Wind. Das Zimmer ist erfüllt von einem süßlichen Duft. Irgendetwas ist anders … aber was? Auf einmal weiß man es: Es ist still. Viel stiller als sonst. Viele Leute haben die Stadt verlassen und man hat sie nun für sich allein. Zeit, die eigene Stadt neu zu entdecken. Immer der Nase nach, auf der Spur der guten Gerüche.

Es gibt etliche Pflanzen und Bäume, die Städte mögen. Wir werden nach einigen wohlriechenden suchen und schauen, was man aus ihnen machen kann. Vermutlich werdet ihr auf einem Spaziergang nicht alle auf einmal finden, aber auf einige werdet ihr sicher stoßen. Dann war die Erkundungstour schon erfolgreich und ihr könnt zu Hause duftende Mischungen und Wässerchen anrühren. In diesem Kapitel werden nacheinander verschiedene Pflanzen vorgestellt und was man mit und aus ihnen alles machen kann. Alle diese Pflanzen und Bäume sind essbar. Wenn ihr einige Male in der eigenen Stadt auf Geruchsjagd gewesen seid, kennt ihr mehr duftende und essbare Pflanzen, aus denen ihr mithilfe der Rezepte in diesem Kapitel leckere Dinge zubereiten könnt.

Für die Stadt gelten allerdings noch ein paar weitere Pflückregeln:

- Keine Pflanzen pflücken, die an viel befahrenen Straßen wachsen oder dort, wo Hunde ausgeführt werden oder Fabriken stehen. Sie könnten verunreinigt sein und dadurch geschmacklich oder sogar gesundheitlich bedenklich sein. Außerdem kann man besser riechen, wenn nicht so viel Verkehr ist.
- Wenn man Blumen oder Pflanzen pflücken möchte, die auf fremden Grundstücken stehen, muss man erst fragen!

Ausrüstung:

Für eine Geruchserkundungstour braucht man nicht viel:

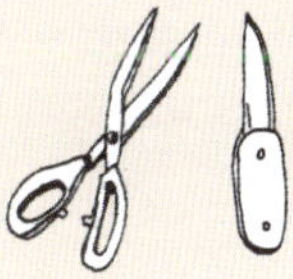

Schere oder Messer

Tüten oder andere Behältnisse für die verschiedenen Blüten

evtl. einen Pflanzenführer (es gibt sogar spezielle zum Bestimmen von Pflanzen und Blumen in der Stadt)

Tasche oder Rucksack mit Proviant

LINDE

Manchmal riecht es im Sommer leicht süßlich mit einem Hauch Zitrone. Ziemlich sicher kommt dieser Geruch von einer Linde, die gerade blüht. Linden gibt es in vielen Städten. Ihre Rinde ist dick, dunkel und gerippt. Lindenbäume können sehr alt werden. Ihre Blätter sind herzförmig und fühlen sich sehr weich an. Die Blüten sind auch grün, aber etwas heller als die Blätter. Wenn man sie genau betrachtet, erkennt man, dass es eigentlich grüne Mini-Blumen mit Blütenkelch, -krone und Stempel sind.

Linden blühen recht spät, meist im Hochsommer. Manchmal säumen sie ganze Straßen oder Wege, sodass einem ganz schwindelig werden kann von ihrem betörenden Duft. Lindenblüten produzieren viel Nektar, eine süßlich duftende Flüssigkeit, die Bienen anlockt. Aber nicht nur Bienen mögen Nektar, auch wir Menschen können ihn probieren.

Lindenblütentee

Man braucht:

eine Handvoll Lindenblüten

heißes Wasser

Teesieb

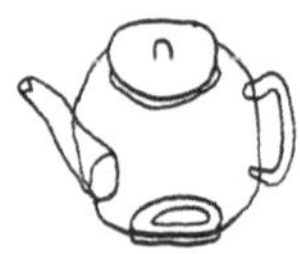

Teekanne, am besten aus Glas, dann kann man die Blüten schweben sehen

Und so geht's:

1. Die Lindenblüten in die Teekanne geben und mit kochendem Wasser übergießen.
2. Den Tee mindestens 5 Minuten ziehen lassen.

Zum Einschenken am besten ein Teesieb verwenden, sonst hat man die Blütenblätter in der Tasse. Der Tee schmeckt auch kalt gut.

ROSEN

In Hecken und Sträuchern, in Gärten, auf Balkonen, eine Mauer hochrankend: Rosen gibt es überall. Es gibt sehr viele wilde Rosensorten und dazu werden noch allerlei neue Variationen gezüchtet. Rosen erkennt man an ihren wunderschönen Blüten in den verschiedensten Farben. Sie wachsen einzeln oder in Trauben. Es gibt kleine und große Rosen. Die meisten haben Stacheln an ihren Stielen und Zweigen. Wildrosen haben einfache Blüten, die gezüchteten hingegen haben viele Blütenblätter, was die Blüten dick und gefüllt aussehen lässt. Sie sind natürlich sehr schön, aber nicht das, wonach wir suchen. Wir halten Ausschau nach den duftenden Rosen. Und es sind meistens die alten, wilden Sorten, die am stärksten duften. Es gilt also: immer der Nase nach!

Vielleicht werdet ihr im Garten eines Nachbarn oder Freundes oder im Park um die Ecke sofort fündig. Man pflückt jedoch nicht die jungen Blüten, sondern die älteren, die schon ein Blatt verloren haben. Sie duften am intensivsten. Wir sammeln nur die Blütenblätter; der Rest bleibt stehen. Bei Rosenblüten, die bereits alle Blütenblätter verloren haben, sieht man grünrote, runde oder birnenförmige kleine Knollen wachsen. Das sind Hagebutten. Mehr dazu gibt es im Kapitel „Auf Expedition“.

rosenwasser herstellen

Welches Kind experimentiert nicht gern mit den Parfüms der Eltern? Und hat am Ende eine stinkende Mixtur fabriziert? Mit diesem Rezept könnt ihr echtes Parfüm herstellen. Für euch selbst, aber auch als schönes Geschenk, um jemanden eine Freude zu machen. Für dieses Rezept braucht man intensiv duftende Rosenblüten. Die Blüten von gekauften Rosen eignen sich meist nicht, sie sind gezüchtet und oft auch gespritzt. Selbst pflücken lautet die Devise. Wildrosen duften intensiver und sind nicht gespritzt.

Man braucht:

2 Handvoll Rosenblüten

10 Tropfen ätherisches Rosenöl (aus der Drogerie oder dem Reformhaus)

saubere Glasflasche à 500 ml

250 ml kaltes, zuvor abgekochtes Wasser

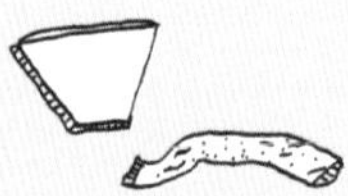

Kaffeefilter oder sauberes Strumpfhosenbein

große Schüssel

saubere Fläschchen

Trichter

Und so geht's:

1. Alle Flaschen und Hilfsmittel sollten sehr sauber sein, damit das Parfüm nicht so schnell schlecht wird.
2. Die Rosenblüten mit den Händen zerdrücken, sodass sie feine Risse bekommen. Dadurch können sie ihre Duftstoffe besser an das Wasser abgeben.
3. Die Rosenblätter, das Rosenöl und das abgekochte, abgekühlte Wasser in die große Flasche geben.

4. Die Flasche verschließen, gut schütteln und an einen dunklen kühlen Ort stellen.
5. Die Flasche eine Woche lang einmal am Tag einmal schütteln.
6. Nach einer Woche den Inhalt der Flasche durch einen Kaffeefilter oder eine saubere Strumpfhose in die Schüssel gießen. Das Rosenwasser ist nun fertig und kann mit dem Trichter in kleinere Flaschen umgefüllt werden.

LAVENDEL

Noch so eine herrlich duftende Pflanze, der man in Gärten und Grünanlagen begegnet! Ursprünglich wuchs sie vor allem im südlichen Europa, aber mittlerweile gibt es sie auch in Deutschland. Lavendel mag Wärme. Da die Sonne das Pflaster und den Asphalt in der Stadt aufwärmt und diese die Wärme an die Umgebung abgeben, ist es in der Stadt wärmer als auf dem Land. Ideal für Lavendel. Der gräuliche Strauch hat blaugrüne, schmale Blätter, deren Ränder leicht eingerollt sind. Die feinen lilablauen Blüten wachsen dicht beieinander und sehen aus wie kleine Ähren. Lavendel gehört zur Familie der Lippenblütler: Die Blütenblätter sind zu einer Art Mund zusammengewachsen, mit Ober- und Unterlippe. Lavendel erkennt man an seinem sehr charakteristischen Duft, wenn man seine Blüten zwischen den Finger reibt.

Der Lavendelzweig ist durchgeschnitten, damit er auf die Buchseite passt. Die beiden Enden, die mit einem Kreuzchen markiert sind, gehören zueinander.

lavendelsäckchen nähen

Lust auf gut riechende Socken? Oder hängt ein muffiger Geruch im Zimmer, weil ihr eigentlich schon längst mal wieder hättet aufräumen sollen? Dann ist ein Lavendelsäckchen genau das Richtige. Außerdem ist es ein tolles Geschenk.

Man braucht:

Lavendel

ein Stück Schnur

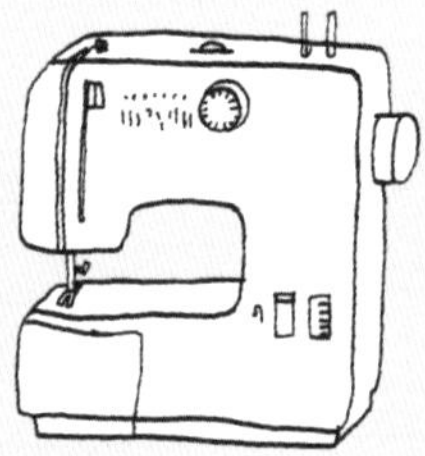

Nähmaschine

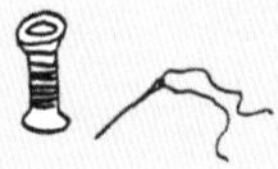

oder Nadel und Faden

Stoffreste, z. B. Leinen, dünne Baumwolle oder Seide, ca. 20 x 20 cm

schmales Geschenkband oder dünne Schnur

Und so geht's:

1. Lavendel mit Stiel abschneiden bzw. pflücken.
2. Mit einem Stück Schnur zu kleinen Sträußen zusammenbinden und an einem warmen trockenen Ort im Haus aufhängen. Eine Woche trocknen lassen. Wir brauchen später nur die getrockneten Blüten.
3. Ein Stück Stoff nehmen und zur Hälfte falten. Es gibt jetzt zwei kurze offene Seiten und eine lange offene und eine lange geschlossene Seite.
4. Eine der kurzen Seiten und die lange offene Seite mit ca. 1 cm Abstand zum Rand zunähen.

5. Nun die Innenseite des Säckchens nach außen stülpen und mit den getrockneten Lavendelblüten füllen. Nicht bis zum Rand befüllen, damit man es nun noch mit einem Stück Geschenkband oder Schnur zubinden kann.
6. Wenn man das Säckchen leicht knetet, verströmt der Lavendel seinen Duft. Das kann man später wiederholen, wenn der Lavendelgeruch schwächer geworden ist. Aber irgendwann hat der Geruch wirklich nachgelassen und man muss das Säckchen neu befüllen.

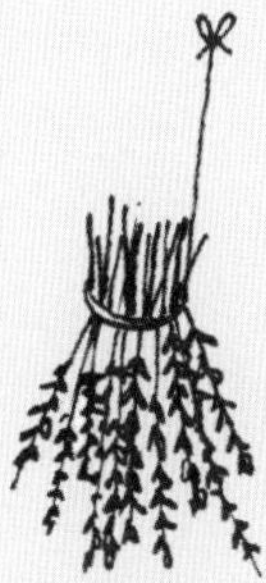

Schritt 2

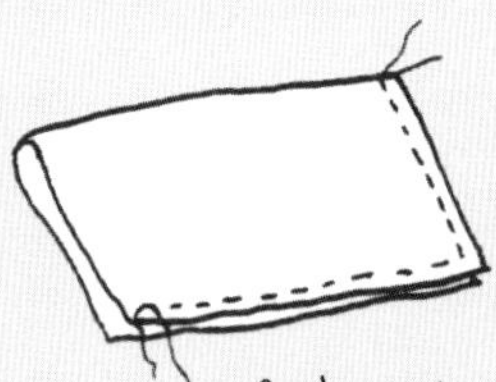

Schritt 4

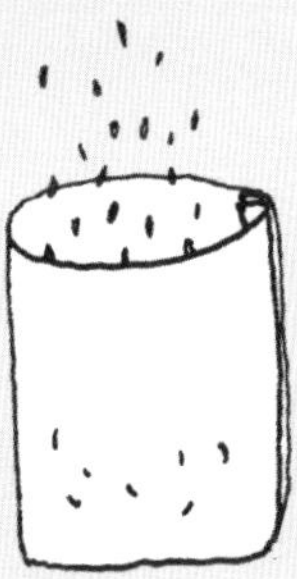

Schritt 5

Schritt 6

märzveilchen

Ackerveilchen

VEILCHEN

In Städten sieht man vor allem das lilafarbige Märzveilchen und das wilde Stiefmütterchen, auch Ackerveilchen genannt. Das Märzveilchen ist eine ca. 10 cm große Pflanze mit herz- bzw. nierenförmigen Blättern und dunkellila Blüten. Jede Blüte besteht aus fünf Blütenblättern, von denen das unterste am größten ist.

Das Ackerveilchen ist genauso groß, aber seine Blätter sind schmal und haben in der Mitte eine Kerbe. Die Blüten sind dreifarbig – lila, weiß, gelb – und haben auch die für Veilchen typische Form.

Beide Veilchen sind sogenannte Gartenflüchtlinge, das heißt, sie haben es geschafft, sich außerhalb des Gartens in der freien Natur anzusiedeln. Und das liegt an den Ameisen. Denn in Veilchensamen ist ein Stoff, der Ameisen anlockt. Sie schleppen die süßen Samen aus den Gärten hinaus in die freie Natur. Und wenn Veilchen außerhalb von Garten und Balkon wachsen, verwildern sie. Ihre Blüten werden kleiner und ihre Farben, wie die von Wildblumen, ein wenig blasser. Sie werden zu wilden Stadtblumen und wachsen an Heckenrändern, auf Straßen und Mauern, unter Bäumen und auf brachliegenden Flächen.

Ameisen

Wenn ihr beobachten wollt, wie diese kleinen Insekten sich mit Veilchensamen auf und davon machen, braucht ihr sie nur mit einem Schälchen Marmelade oder Limonade anzulocken. Sie kommen von ganz allein.

ein Ameisenhotel bauen

Man braucht:

20 Ameisen

Sand oder Gartenerde

großes Glas mit großer Öffnung und Deckel

kleines Glas, Schälchen oder Schnapsglas, das in das große Glas passt

Ahle

etwas Marmelade, Limonadensirup oder Zuckerwasser (1 EL Zucker aufgelöst in warmem Wasser)

einige Veilchen

Löffel

schwarzes Papier

Und so geht's:

1. Eine Lage Sand oder Erde in das große Glas geben. Sie sollte mindestens 6 cm hoch sein, damit die Ameisen Tunnel graben können.
2. In das kleine (Schnaps-)Glas oder das kleine Schälchen etwas Marmelade, Sirup oder Zuckerwasser füllen, es in die Mitte des Sandes im großen Glas stellen und die Veilchen danebenlegen. Das ist das Ameisenfutter.
3. Die gefangenen Ameisen mit einem Löffel in das Glas befördern.
4. Mit der Ahle einige Luftlöcher in den Deckel stechen und das Glas damit verschließen.
5. Das schwarze Papier um das Glas wickeln. Die Ameisen denken nun, dass sie unter der Erde sind, und fangen an zu arbeiten.
6. Nun kann man jeden Tag einmal das Papier wegnehmen und schauen, was sich getan hat.

Ameisen arbeiten hart und sie werden bereits innerhalb kurzer Zeit Nester, Gänge und Höhlen gebaut haben. Außerdem werdet ihr sehen, dass sie einiges von der Marmelade (oder dem Zuckerwasser) und den Veilchen gefressen haben. Eventuell muss das Futter sogar aufgefüllt werden.
Nach einer Woche solltet ihr die Ameisen wieder in die Freiheit entlassen und dort aussetzen, wo ihr sie eingesammelt habt.

veilchenessig

Man braucht:

Sieb

Trichter

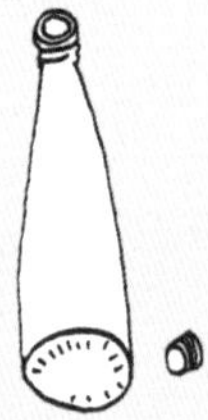

kleine Flasche
aus Glas

250 ml
Weinessig

eine Handvoll Veilchenblüten
(je intensiver sie duften, desto
kräftiger ist der Geschmack. Das lila
Märzveilchen eignet sich am besten,
es heißt nicht umsonst auch
„Duftveilchen“)

Schüssel

Und so geht's:

1. Die Veilchen in die Flasche geben und diese mit Essig befüllen.
2. Die Mischung einige Tage lang ziehen lassen, damit der Essig den Duft der Veilchen aufnehmen kann.
3. Dann den Essig durch ein Sieb in die Schüssel gießen. Die Veilchen werden im Sieb aufgefangen.
4. Anschließend den Essig mithilfe des Trichters wieder zurück in die Flasche gießen.
5. Und weil es so schön aussieht und man dann auch sofort erkennen kann, welche Essigsorte in der Flasche ist, gibt man drei neue Veilchenblüten dazu.

Veilchenessig eignet sich für Dressings, insbesondere für Salate, in denen auch Früchte sind. An einem dunklen Ort aufbewahrt, bleibt der Essig lange haltbar.

Veilchen-
essig

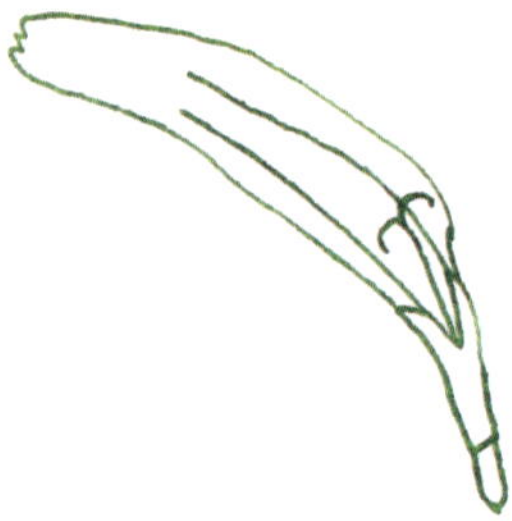

KAMILLE

Noch eine Pflanze, die die Stadt mag. Sie wächst in steiniger Umgebung, auf brachliegenden Baugrundstücken, an Weg- und Parkrändern. Die Kamille hat weiße, leuchtende Blüten mit einem goldgelben „Herzen" in der Mitte. Ihre Blätter erinnern an Federn. Es gibt zwei Sorten: Die Echte Kamille, die intensiv nach Kamille duftet, und die Geruchslose Kamille, die kaum riecht. Wir sind auf der Suche nach der Echten Kamille.

Haare mit Kamillentee aufhellen

Wer seine Haare gerne sommerlich aufhellen möchte, braucht keine chemischen Mittel oder Shampoos, sondern kann sie mit starkem, kaltem Kamillentee ausspülen und in der Sonne trocknen lassen. Das ist gesünder und günstiger.

Das braucht man:

2 Handvoll Kamillenblüten

2 Liter kochendes Wasser

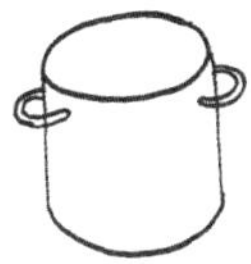

Topf

Sieb

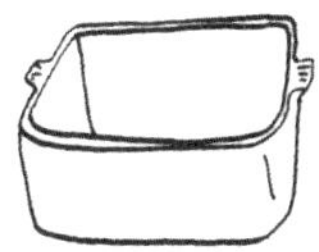

Plastikschüssel

Und so geht's:

1. Die Kamille in einen Topf geben.
2. Das Wasser zum Kochen bringen und über die Blüten gießen.
3. Gut durchrühren und abkühlen lassen. Wenn das Wasser dunkelgelb ist, ist der Tee stark genug. Bevor ihr eure Haare damit behandelt, könnt ihr noch eine Tasse davon trinken. Das tut besonders gut, wenn man Probleme mit dem Magen hat.
4. Wenn der Tee komplett abgekühlt ist, durch ein Sieb in die Plastikschüssel gießen. Die Kamillenblüten, die im Sieb zurückbleiben, kann man wegwerfen.
5. Über der Spüle oder dem Waschbecken den kalten Tee über die Haare gießen.
6. Die Haare in der Sonne trocknen lassen.

Um einen größeren Effekt zu erzielen, könnt ihr diese Prozedur 14 Tage lang mehrmals in der Woche wiederholen. Blonde oder hellbraune Haare werden so um ein paar Nuancen aufgehellt.

fruchtige Blütenlimonade

Für ein Fest oder einen schönen Sommertag.

Man braucht:

1 Zitrone, heiß abgespült

3 Zweige frische Zitronenmelisse oder Minze

eine Handvoll essbare Blüten, z. B. Veilchen, Rosen, Kamille, Gänseblümchen

Kapuzinerkresse oder Ringelblumen aus dem Garten sind auch toll.

eine Handvoll rote Früchte, z. B. Heidelbeeren, Himbeeren, Erdbeeren oder Johannisbeeren

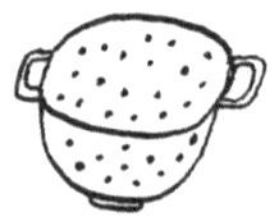

Sieb

große Glaskaraffe mit großer Öffnung

Und so geht's:

1. Die Blumen möglichst erst kurz vor der Zubereitung pflücken.
2. Die Zitrone längs vierteln. Die Zitronenviertel über der Karaffe ein wenig ausdrücken und dann hineingeben.
3. Die Zitronenmelisse oder Minze zwischen den Händen reiben, dann setzen sie mehr ihrer Aromen frei. Ebenfalls in die Karaffe füllen.
4. Die Karaffe mit Wasser auffüllen und für eine Stunde in den Kühlschrank stellen.
5. Die Blüten und die Früchte in das Sieb geben und vorsichtig waschen.
6. Kurz bevor die Limonade serviert werden soll, die Früchte und Blütenblätter dazugeben.

Die fruchtige Blütenlimonade sieht wunderschön aus und kommt garantiert gut an!

KAPUZINERKRESSE

Kapuzinerkresse ist eine weit kriechende und kletternde Pflanze mit Blüten in fröhlichem Orange, Gelb oder Rot, die ein wenig pfeffrig schmecken. Ihre Blätter haben die Form eines Sonnenschirms.

Wenn ihr niemanden kennt, der Kapuzinerkresse im Garten hat, könnt ihr sie auch ganz leicht selbst aussäen und heranziehen.

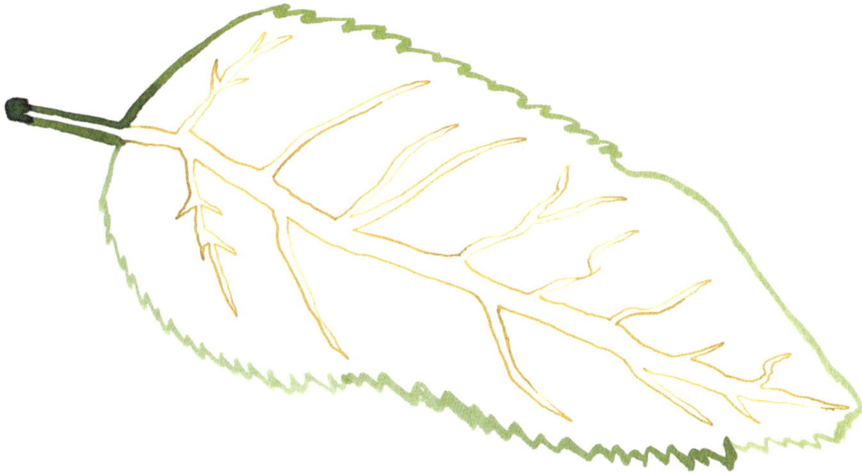

GIERSCH

Giersch ist ein Unkraut und der Schreck jedes Gärtners. Wenn er nämlich erst einmal im Garten wächst, wird man ihn (fast) nie wieder los. Da Giersch unter der Erde ein weitverzweigtes Wurzelgeflecht ausbildet, breiten sich seine Blätter wie ein leuchtend grüner Teppich in den schattigen Ecken des Gartens aus. Ihn abzuhacken hilft überhaupt nichts, denn aus jedem kleinen Wurzelstück wächst eine neue Pflanze. Giersch kann bis zu einem Meter hoch werden, ist meistens aber etwas kleiner. Er hat einen kantigen, hohlen Stängel und weiße Blüten, die wie Schirmchen aussehen. An einem Zweig wachsen immer drei Blätter, die wiederum in drei Blätter aufgeteilt sind. Darum wird Giersch auch „Dreiblatt" genannt. Manchmal bilden sich aber auch nur zwei der drei Blätter aus.

Giersch bereitet niemandem Freude, aber es weiß auch kaum jemand, dass er eine essbare, wohlschmeckende Pflanze ist. Man kann die Blätter wie Spinat kochen, sie roh als Salat essen oder als Ersatz für Petersilie verwenden. Für unseren Blumen-Kartoffel-Stampf brauchen wir rohen Giersch.

Blumen-Kartoffel-Stampf

Man braucht (für 4 Kinder oder 2 Erwachsene):

Und so geht's:

1. Die Blumen und Blätter kurz vor der Zubereitung pflücken.
2. Die Kartoffeln schälen, waschen und in Stücke schneiden. Den Topf mit den Kartoffeln aufsetzen und 15–20 Minuten kochen, bis sie gar sind.
3. Während die Kartoffeln auf dem Herd stehen, den Giersch und die Blumen vorbereiten. Dazu die Gierschblätter vom Stiel und die gelben Blütenblätter vom Löwenzahn zupfen. Von Kapuzinerkresse und Veilchen ebenfalls die Stiele entfernen.

4. Die Giersch- und Blütenblätter separat in kaltem Wasser waschen und in einem Sieb gut abtropfen lassen.
5. Die Gierschblätter fein schneiden.
6. Auf der Arbeitsfläche einige Blätter Küchenpapier auslegen und die Blüten darauf ausbreiten. Vorsichtig mit einem anderen Blatt Küchenpapier trocken tupfen.
7. Die Kartoffeln abgießen, wenn sie gar sind.
8. Etwas Milch in die Kasserolle geben und erwärmen (nicht aufkochen!). Das Ei und die heiße Milch zu den Kartoffeln geben.
9. Die Kartoffeln mit dem Stampfer zu Brei verarbeiten. Mit der Milch sparsam umgehen – zu viel davon lässt den Kartoffelstampf matschig werden.
10. Nun den Giersch unter den Stampf rühren. Als Letztes vorsichtig die Blütenblätter untermengen.
11. Einige Blüten aufbewahren, um den Stampf damit zu verzieren.

Gezuckerte Blütenblätter

Und nun kommt die Krönung! Wer eine romantische Ader hat oder vielleicht gerade verliebt ist, wird dieses Rezept mögen. Ihr könnt damit zum Beispiel Nachtisch oder Kuchen verzieren.

Man braucht:

1 Ei

Rührschüssel

Schneebesen oder Mixer

eine Handvoll Blütenblätter, z. B. Veilchen, Rosen oder Kapuzinerkresse

Schälchen mit feinem Kristall- oder Puderzucker

Teller

Pinsel

Backblech mit Backpapier

Und so geht's:

1. Das Ei aufschlagen und trennen. Das Eiweiß in die Rührschüssel geben. Das Eigelb wird nicht benötigt.
2. Mit einem Schneebesen oder Mixer das Eiweiß auf-, aber nicht steif schlagen.
3. Die Blütenblätter mit dem Eiweiß bestreichen und danach in den Zucker tunken.
4. Die gezuckerten Blütenblätter auf ein mit Backpapier ausgelegtes Backblech legen und zwei Stunden trocknen lassen. Wenn es schnell gehen soll, könnt ihr sie auch für einige Minuten bei niedriger Temperatur in den Backofen schieben.

Sommer

Spannendes Watt und aufregender Strand

Wer findet das Leben nicht schöner, wenn er am Meer ist? Es scheint, als bekäme man eine extra Portion Energie, wenn man die frische Seeluft riecht und das Tosen der Brandung hört. Und das gilt nicht nur für Menschen; auch Hunde rennen los und tollen umher, wenn sie das Meer riechen.

Durch die Wellen laufen, Sandburgen bauen, Wassergräben ausheben: Am Meer gibt es immer was zu tun. Noch dazu gibt es am Strand und im Watt auch jede Menge Dinge, die man sammeln und pflücken kann. Man kann sogar eine ganze Mahlzeit zusammenbekommen.

Auch an der Küste gibt es essbare Pflanzen. Allerdings nicht in der Nähe von sonnenbadenden und schwimmenden Menschen. In der Brandung, bei hohen Wellen und am Sandstrand können Pflanzen nicht gut gedeihen. Sie haben es lieber ruhiger. Um Essbares zu finden, muss man in den Bereich, der außerhalb des Deichs liegt und der bei Flut überschwemmt wird: Das nennt man Wattenmeer.

Und was ist das nun genau, dieses Watt? Bei Ebbe lässt das Meer dort Schlamm zurück, der sich ablagert. Mit der Zeit wird das Land dadurch immer höher und es können sich Pflanzen ansiedeln. In Deutschland, den Niederlanden und Belgien gibt es solche Gebiete vor allem entlang der Nordseeküste und den Friesischen Inseln, aber auch in der Uferzone von Flüssen, die ins Meer fließen, wie zum Beispiel dem Rhein oder der Ems. Es gleicht einem Wunder, das in diesem salzigen Gebiet Pflanzen wachsen können. Es sind besondere Pflanzen, die Salz mögen.

Jetzt aber Gummistiefel an und los geht's!

Ausrüstung:

stabile Plastiktüten

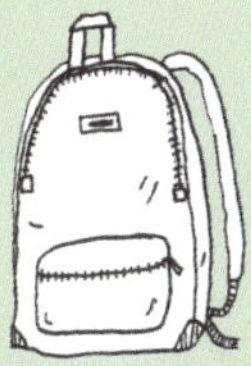

Rucksack mit Proviant (damit die Hände frei sind)

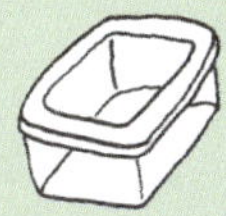

Eimer oder Plastikbehälter

Gummistiefel

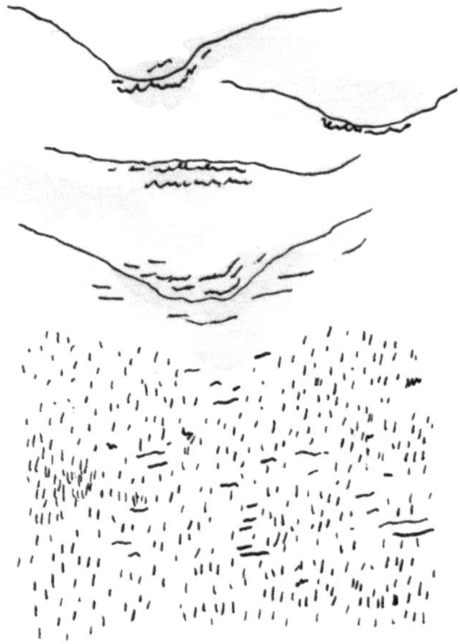

Schlickwatt

ansicht von oben

querschnitt eines Deiches

Wellenbrecher aus Holzpfählen

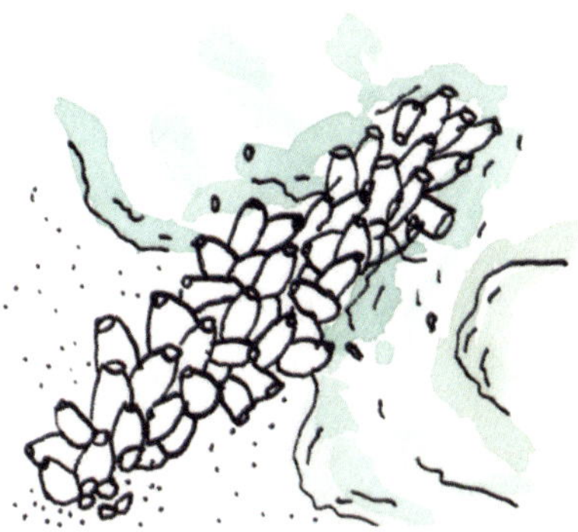

Wellenbrecher aus Steinschutt

Steg

MEERESSPARGEL

Meeresspargel (oder auch Europäischer Queller) ist eine dieser Pflanzen, die es salzig mögen. Sein lateinischer Name Salicornia kommt von sal, salis, was Salz bedeutet. Meeresspargel erinnert vom Aussehen an Sukkulenten. Er scheint nur aus Stängeln zu bestehen und keine Blätter zu haben. Aber der Schein trügt: Die Blätter dieser Pflanze sehen aus wie kleine Schuppen. Man muss genau hinsehen, um sie erkennen zu können. Meeresspargel kann man von April bis Juni pflücken. Die Pflanze wächst im Watt und an salzigen Stellen im Inland.

gedünsteter meeresspargel

Man braucht (für 4 Kinder oder 2 Erwachsene):

Und so geht's:

1. Den Meeresspargel sorgfältig waschen. Wurzeln und holzige Stücke entfernen.
2. Den Topf mit Wasser füllen und dieses zum Kochen bringen. Den Meeresspargel ins Wasser geben und einige Minuten garen. Achtung: Kein Salz dazugeben; Meeresspargel ist von sich aus schon salzig genug.
3. Das Sieb in die Spüle stellen und den gekochten Meeresspargel abgießen.
4. Den Topf säubern und abtrocknen. Den Topf wieder auf den Herd stellen und die Butter hineingeben. Wenn die Butter geschmolzen ist, die Temperatur herunterdrehen.
5. Den Meeresspargel wieder in den Topf geben und 2 Minuten garen. Währenddessen ständig mit einem Holzlöffel umrühren. Dann etwas Zitronensaft und 1 Esslöffel Wasser dazugeben. Den Deckel auf den Topf setzen und den Meeresspargel 10 Minuten garen.
6. Den Zwieback über dem Meeresspargel zerkrümeln und umrühren.
7. Wer es pikant mag, kann den Meeresspargel auch pfeffern. Anschließend in einer Schüssel servieren.

MEERSALAT

Wenn man weiter Richtung Wasser läuft, bis man ungefähr bis zu den Knöcheln im Wasser steht, kann man mit etwas Glück Meersalat finden. Meersalat heißt nicht umsonst so: Er sieht aus wie Salat. Seine Blätter sind dünn, fest und hellgrün. Im Wasser sieht er eher blaugrün aus. Meersalat ist eine Meeresalge. Diese holen sich ihre Nährstoffe aus dem Wasser und haben keine richtigen Wurzeln, sondern halten sich mit einer Art Stängel an Felsen und Steinen fest. Meersalat gibt es an jedem Strand. Am häufigsten jedoch dort, wo Süßwasser (aus Flüssen) ins Meer fließt. Man kann ihn vom Beginn des Frühlings bis in den späten Sommer pflücken. Er wächst so schnell, dass manchmal ganze Strände voll davon sind. Wenn man den Meersalat so vom Stein abschneidet, dass der Stängel übrig bleibt, wächst er nach. Meersalat kann auch im Wasser treiben.

Meersalat kann man roh essen. Man sollte ihn aber erst waschen, um nicht auf Salz und Muschelreste zu beißen.

gurke mit meersalat

Man braucht:

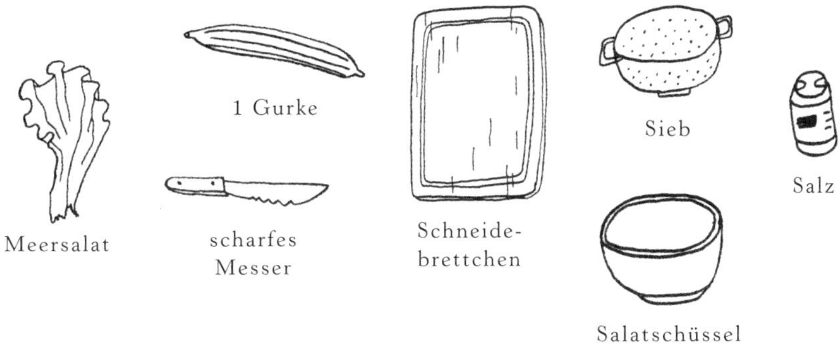

Und so geht's:

1. Den Meersalat sorgfältig waschen, bis alle Sand- und Muschelreste entfernt sind.
2. Die Gurke in dünne Scheiben schneiden und in das Sieb legen. Mit etwas Salz bestreuen und eine halbe Stunde stehen lassen.
3. Das Salz abspülen und die Gurken gut abtropfen lassen.
4. Den Meersalat in dünne Streifen schneiden.
5. Gurke und Meersalat in der Salatschüssel miteinander vermengen – fertig ist der Salat.

Fischfutter selber machen

Man braucht:

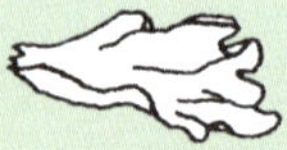

Meersalat

alte Zeitung

Glas mit
Schraubdeckel

Und so geht's:

1. Den Meersalat unter kaltem Wasser waschen und zum Trocknen auf die Zeitung legen.
2. Wenn er getrocknet ist, den Meersalat mit den Händen in feine Stückchen zupfen.
3. Den gezupften Meersalat in das Glas füllen.

Nun könnt ihr euren Fischen im Aquarium mit diesem leckeren, selbst gemachten Bio-Fischfutter eine Freude bereiten!

SCHALENTIERE

An der Küste gibt es nicht nur essbare Pflanzen, sondern auch interessante und schmackhafte Tiere wie Miesmuscheln, Strandschnecken, Austern, Herzmuscheln und Messermuscheln. Sie sind an Stellen zu finden, die bei Flut mit Wasser überschwemmt sind. Man braucht nicht viel, um eine Mahlzeit zusammenzusammeln: einen Eimer oder eine Schüssel mit Meereswasser, in der man die Muscheln während des Suchens aufbewahren kann, und eine stabile Plastiktüte, um sie dann mit nach Hause zu nehmen. Wer nicht weiß, ob er Schaltentiere mag, sollte beim ersten Mal nur drei oder vier mitnehmen.

Wenn ihr genug für eine Mahlzeit zusammenhabt, ist es Zeit, sich auf den Heimweg zu machen, denn man sollte seine Beute spätestens nach einer Stunde verarbeiten. Wenn die Weichtiere unterwegs sterben, fangen sie an zu stinken und müssen weggeworfen werden. Darum solltet ihr auch keine beschädigten Muscheln sammeln.

MIESMUSCHELN

Miesmuscheln sind Schalentiere mit zwei dunkelbraunen, dunkellila oder schwarzen glatten Schalenhälften. Sie können sich mithilfe von Fäden an Deichen, Wellenbrechern oder Holzpfählen festkleben. Da Miesmuscheln auch oft aneinander festkleben, kann man manchmal ganze Kolonien von ihnen auf einmal finden.

STRANDSCHNECKEN

Strand- oder auch Meeresschnecken bevorzugen ruhige Plätze, an denen der Unterschied zwischen Ebbe und Flut nicht so stark ist. Das heißt, man findet sie, wie Miesmuscheln, bei den Wellenbrechern oder hinter Piers und Deichen. Strandschnecken sind braungrau. Es ist nicht schlimm, wenn sie während Ebbe auf dem Trockenen liegen, da sie längere Zeit ohne Wasser überleben können. Strandschnecken haben nämlich einen Deckel, mit dem sie ihr Gehäuse verschließen können. So trocknen sie nicht so schnell aus.

Miesmuscheln und Strandschnecken findet man sowohl an der Nordsee- als auch an der Ostseeküste. Sie lassen sich leicht von den Steinen und Pfählen lösen, an denen sie sitzen.

AUSTERN

An Oosterschelde und im Grevelinger Meer in den Niederlanden und im Wattenmeer der deutschen und niederländischen Nordseeküste kann man wilde Austern finden. Austern sind große Muscheln. Ihre Schale ist knubbelig und schuppig und hat eine sehr scharfe Kante. Beim Ablösen von den Felsen, an denen sie wachsen, muss man sehr vorsichtig sein, damit man sich nicht verletzt – was besonders schmerzt, wenn salziges Meerwasser in die Wunde kommt.

Die Austern, die man am Strand findet, sind leer. Möwen und andere Tiere haben ihr „Fleisch" schon gegessen.

HERZMUSCHELN

Die gemeine Herzmuschel wird auch „essbare Herzmuschel“ genannt. Ihr Gehäuse ist weiß, grau oder braun und besteht aus zwei Hälften, die an der schmalen Seite miteinander verbunden sind. An den parallel zum Rand verlaufenden Ringen kann man sehen, wie alt die Muschel ungefähr ist. Eine Herzmuschel kann bis zu zehn Jahre alt werden. Herzmuscheln leben eingegraben im Sand und haben eine Art Schlauch, mit dem sie ihre Nahrung von der Oberfläche ins Innere holen. Die Reste scheiden sie durch einen anderen Schlauch wieder aus.

MESSERMUSCHELN

Messermuscheln leben senkrecht eingegraben im Sand. Sie sind lang und schmal und haben eine orangebraune Farbe. Das Gehäuse besteht aus zwei Hälften, die miteinander verbunden sind.

Wenn man am Strand nach dem Einsetzen der Ebbe kleine Kuhlen sieht, in deren Mitte ein kleines Loch ist, aus dem immer wieder ein bisschen Wasser kommt, weiß man: Da lebt ein Schalentier. Mit einer Schaufel oder den Händen kann man sie leicht ausgraben. Herz- und Messermuscheln bevorzugen sandig-schlickige Böden, aber man kann sie auch am Sandstrand finden.

miesmuschel

Strandschnecke

auster

Herzmuschel

messermuschel

Fruits de mer

Wenn ihr schon mal Urlaub an der belgischen oder französischen Küste gemacht hat, ist euch sicher das Gericht *Fruits de mer* begegnet, was übersetzt bedeutet: „Meeresfrüchte“. Aber welche Früchte wachsen denn im Wasser? Die schmecken doch bestimmt salzig und sind nicht lecker, oder? Es sind keine normalen Früchte, sondern Leckerbissen aus dem Meer! Man sollte sie unbedingt mal probieren.

Und so macht ihr euer eigenes *Fruits de mer*, mit selbst gesammelten Meeresfrüchten.

Man braucht:

die Beute: Miesmuscheln, Strandschnecken, Messermuscheln, Herzmuscheln und Austern

Eimer

1 Stange Lauch

2 Möhren

scharfes Messer

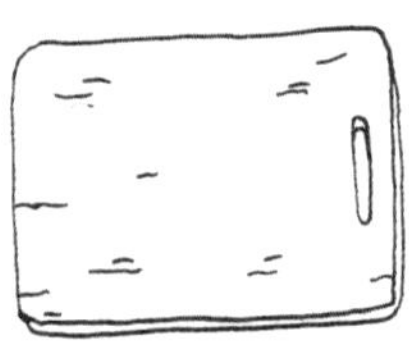

Schneidebrett

Sieb

großen Topf

Nadeln

Teller

Und so geht's:

1. Die Muscheln zu Hause in einen Eimer mit Wasser setzen. Den Eimer ins Spülbecken unter den laufenden Wasserhahn stellen. Die Muscheln sorgfältig unter fließendem, kaltem Wasser waschen und durchspülen. Vor allem die Messer- und Herzmuscheln, die im Sand leben, müssen von ihm befreit werden.
2. Manchmal sind einige Muscheln schon leicht geöffnet. Um zu testen, ob sie noch gut sind, klopft man mit den geöffneten Muscheln leicht auf die Arbeitsfläche. Wenn sie keine Schließbewegung machen, muss man sie wegwerfen. Sehr schwere Muscheln sollte man ebenfalls aussortieren, da sie vermutlich mit Sand gefüllt sind. Gleiches gilt für Muscheln, deren Schale beschädigt ist.
3. Den Lauch auf dem Schneidebrett in Ringe schneiden und mit dem Daumen die einzelnen Ringe voneinander lösen.
4. Die Möhren klein schneiden.
5. Lauch und Möhren in ein Sieb geben und waschen.

6. Die Muscheln in einen Topf mit kochendem Wasser geben. Dreimal aufkochen lassen.
7. Dann die Lauchringe und Möhrenstücke dazugeben und alles 10 Minuten mit geschlossenem Deckel kochen lassen.
8. Alle Muscheln, die sich bis jetzt nicht geöffnet haben, wegwerfen.
9. Die guten Muscheln aus dem Topf fischen und auf einen Teller geben – der Festschmaus kann beginnen!
10. Anstelle einer Gabel kann man auch eine leere Muschelschale benutzen, um die anderen Muscheln zu öffnen, aus der Schale zu kratzen und in den Mund zu befördern.
11. Strandschnecken isst man mit einer Nadel. Zuerst entfernt man mit der Nadel den Deckel des Schneckenhauses und zieht danach das Fleisch heraus.

Messermuscheln und Austern kann man auch roh essen. Wenn ihr sie selbst gesammelt hat, solltet ihr sie allerdings besser kochen. Dazu gebt ihr sie einfach mit den Mies- und Herzmuscheln in den Topf. Sie öffnen sich ebenfalls von alleine.

Wer einen Topf mitgenommen hat, kann die Muscheln auch direkt am Strand verzehren. Ihr macht ein kleines Feuer, setzt die Muscheln mit Meerwasser im Topf auf und schon habt ihr im Handumdrehen eine tolle Mahlzeit. Ihr solltet allerdings darauf achten, ob dort, wo ihr euch gerade aufhaltet, überhaupt ein Feuer entzündet werden darf.

Die Gurke mit Meersalat (s. S. 101) und der gedünstete Meeresspargel (s. S. 98) passen sehr gut zu *Fruits de mer*.

Wir sind übrigens davon überzeugt, dass Pflanzen aus dem Meer das Gemüse der Zukunft sein werden. Man muss es nämlich einfach nur ernten, sonst gibt es nichts zu tun.

Und, wie haben euch die Meeresfrüchte und das Meeresgemüse geschmeckt? Seid ihr bereit für die Zukunft?

KRABBEN UND GARNELEN

Krabben haben zehn Beinchen. Die beiden vordersten sind die Greifscheren. Und wenn man ihnen lang in die Augen schaut, kann man sehen, dass sie an Stielen sitzen. Krabben laufen nicht vorwärts, sondern seitwärts. Dann kommen sie sich mit ihren vielen Beinen nicht ins Gehege. Wie viele andere Weichtiere haben auch Krabben einen Panzer, der ihren Körper schützt.

Eine Garnele ist ein kleines, graues, leicht durchsichtiges Tier. Sie hat wie Muscheln keine Knochen, sondern eine Schale, die sie wie eine dicke Jacke schützt. Mit ihren kleinen Beinchen laufen Garnelen auf der Suche nach Nahrung über den Strand.

krabben fangen

In der Nähe von Pieren oder Dämmen kann man kleine Krabben fangen. Krabben mögen gerne Muscheln. Man kann sie damit also gut locken: Dazu brecht ihr einfach eine Muschel auf oder bindet eine schon beschädigte Muschel an eine Schnur. Die Schnur mit der Muschel haltet ihr dann ins Wasser und wartet. Wenn eine Krabbe kommt und an der Muschel knabbert, zieht ihr die Schnur mit einem Ruck aus dem Wasser und setzt die Krabbe in einen Eimer mit Meerwasser. Weil die Krabben jedoch sehr klein sind, lohnt es sich nicht, sie mit nach Hause zu nehmen. Man kann den Eimer zum Schluss einfach wieder ins Meer ausleeren.

krabbe

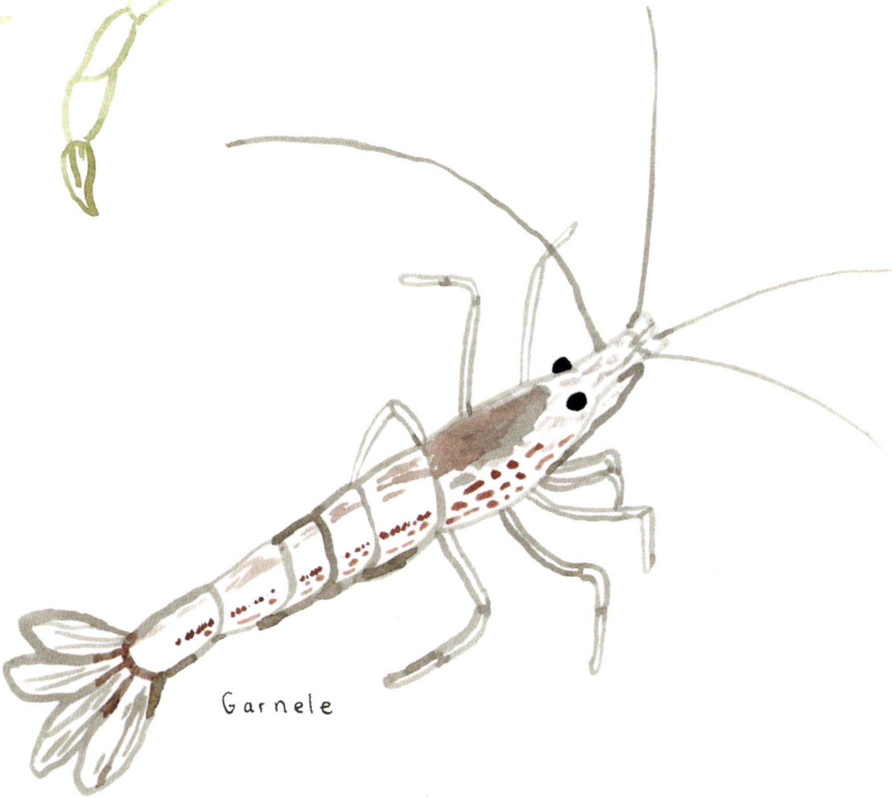
Garnele

garnelen fangen

Noch ein kleines Strandabenteuer!

Man braucht:

stabile Plastiktüten

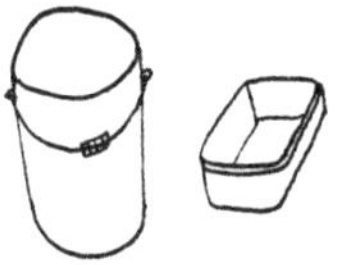

Eimer oder Plastikbehälter

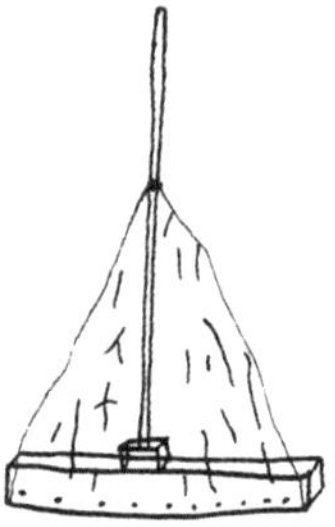

spezielles Garnelenfangnetz (auch Schiebehamen genannt; gibt es in Strandläden, in gut sortierten Spielzeugläden oder im Anglershop)

Einige Stunden ehe die Ebbe kommt ist eine gute Zeit zum Garnelenfangen. Auch wenn man im Sommer natürlich mehr Lust dazu hat, geht die eigentliche Garnelensaison von September bis April. Im September, nachdem die Sonne das Meer den Sommer über aufgewärmt hat, ist die beste Zeit. Wer im Spätsommer oder Herbst am Meer ist und Garnelen mag, sollte sich mal als Garnelenfischer versuchen.

Bevor man loslegt, schaut man sich die Strömung des Wassers an. Vor allem nach einem Sturm hat man gute Chancen, Garnelen zu fangen. Man läuft durch das Wasser und schiebt das Netz über den Boden vor sich her. Das Netz solltet ihr immer über der Plastiktüte ausleeren, damit ihr Muscheln, Krabben und kleine Fischchen wieder zurück ins Meer werfen könnt. Die gefangenen Garnelen gibt man in einen Eimer mit Meerwasser.

Manchmal kann man sogar mit echten Garnelenfischern aufs Meer hinausfahren und ihnen bei der Arbeit zuschauen. Und vermutlich bekommt man auch noch Seehunde zu sehen.

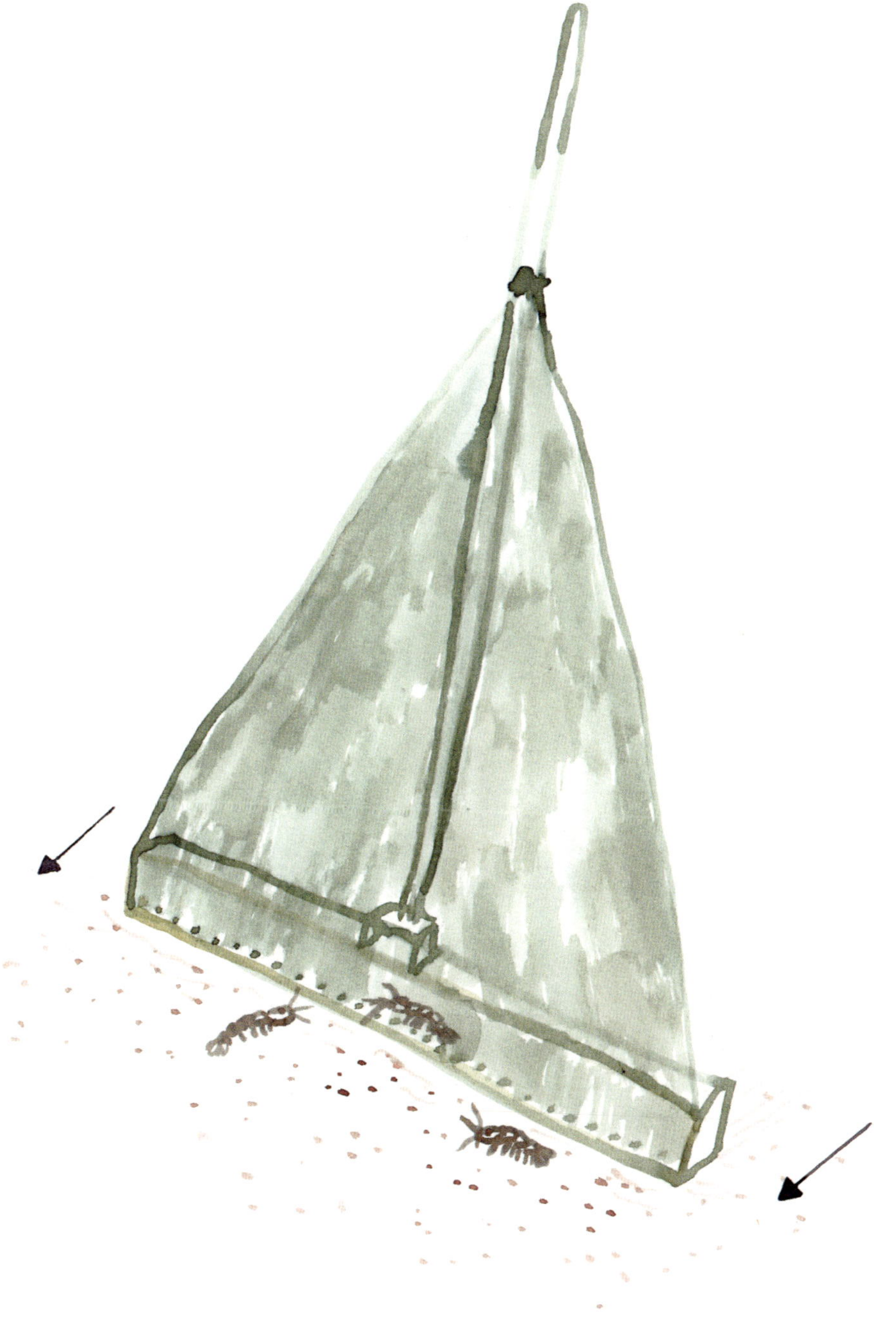

garnelen zubereiten

Man braucht:

Und so geht's:

1. Zu Hause den Eimer mit den Garnelen ins Spülbecken leeren und sie sorgfältig mit kaltem Wasser waschen.
2. Einen großen Topf mit Wasser füllen, etwas Salz hinzugeben und zum Kochen bringen.
3. Wenn das Wasser kocht, eine Handvoll Garnelen in den Topf geben. Umrühren und 2 Minuten kochen lassen.
4. Die Garnelen mit einem Schaumlöffel aus dem Wasser heben und auf Küchenpapier abtropfen lassen. Diesen Vorgang wiederholen, bis alle Garnelen gekocht sind.

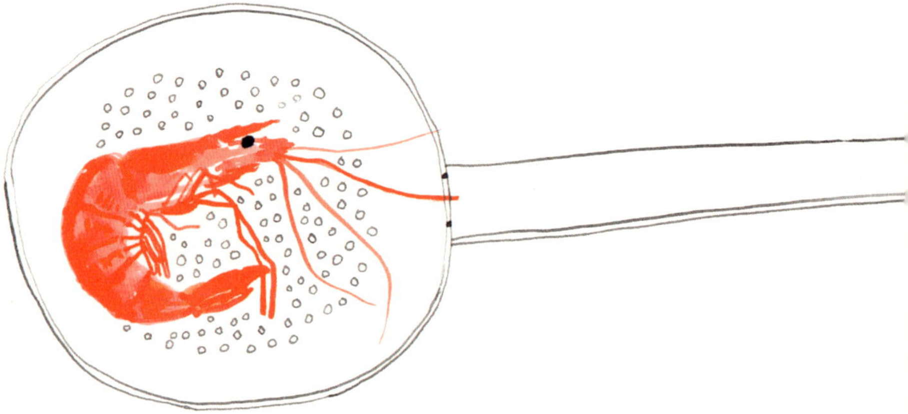

Und siehe da: Gekochte Garnelen sind nicht mehr grau, sondern rosa! Man kann sie allerdings so noch nicht essen, sie müssen erst gepult werden.

Man braucht:

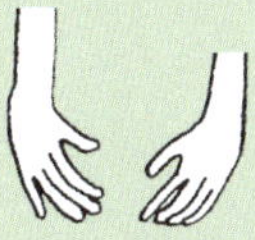

saubere Hände

alte Zeitung

Schälchen

Und so geht's:

1. Eine Garnele nehmen und mit Daumen und Zeigefinger in der Mitte festhalten. Mit dem Daumen kann man fühlen, dass es in der Schale eine Stelle gibt, an der man sie gut aufbrechen kann.
2. An dieser Stelle die Garnele vorsichtig umknicken. Nicht zu kräftig, das Fleisch sollte ganz bleiben.
3. Nun könnt ihr die Schale vom Schwanz her vorsichtig ablösen und zum Schluss auch den Kopf.

Hat es geklappt? Oder ist die Garnele doch gebrochen? Dann einfach weiterüben.

Die Garnelenschalen sammelt man am besten auf einer alten Zeitung, die gepulten Garnelen in einer Schüssel. Gekochte Garnelen schmecken gut auf Brot mit etwas Mayonnaise oder Cocktailsoße.

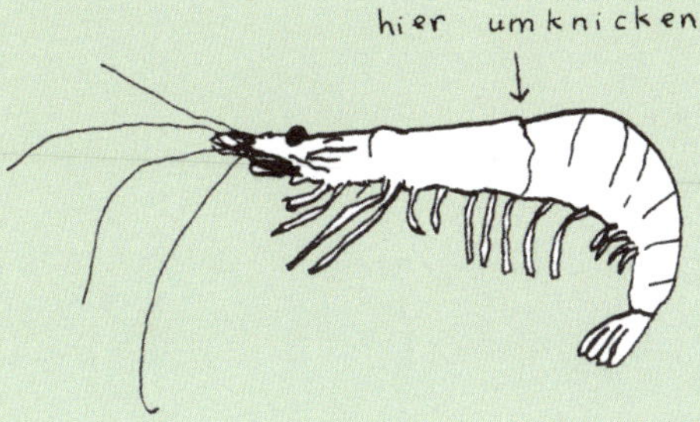

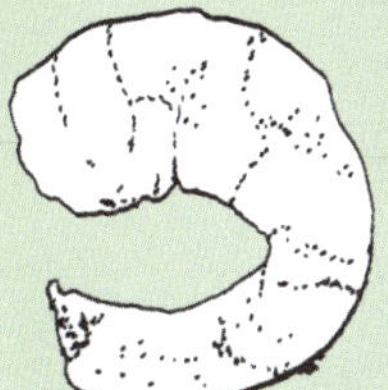

strandräubern

Im Herbst und im Winter ist es oft stürmisch und das Meer unruhig. Die hohen Wellen pflügen den Meeresboden um. Dinge, die bei einem Schiff über Bord gefallen sind, im Wasser treiben oder im Boden vergraben waren, werden nun an den Strand gespült.

Viele Sammler halten meist direkt nach einem Sturm am Strand Ausschau nach brauchbaren oder wertvollen Dingen. Auch wir suchen den Strand nach kleinen Dingen ab und machen aus den Fundstücken Kunst. Eigentlich kann man alles gebrauchen: Federn, Holz, Muscheln, Seile in den buntesten Farben, vom Sand geschliffenes Glas. Selbst Plastik kann schön sein: bunte Verschlüsse, leere Flaschen, Schwämme, Handschuhe und so weiter.

küstenkunst machen

Man braucht:

alles, was man am Strand gefunden hat

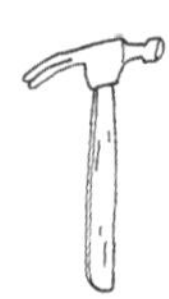

Hammer

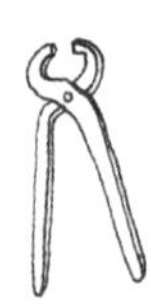

Kneifzange

Schraubenzieher

Nägel

Schrauben

Und so geht's:

1. Wenn ihr nach Hause kommt, solltet ihr als Erstes (draußen) die Fundstücke von Sand befreien.
2. Die Schätze auf einen Tisch legen, sie bewundern und überlegen, was für ein Kunstwerk man machen könnte.

Und dann einfach loslegen.

Sommer

auf expedition

Am Ende des Sommers sind die meisten Blüten verblüht und zu Früchten geworden. Wer auf Expedition geht, kann eine Menge verschiedener Früchte sammeln. Die Sonne hat während des Sommers dafür gesorgt, dass die Früchte nun süß und saftig sind. Wenn man Marmelade und Saft aus ihnen macht, kann man sich auf diese Weise etwas Sonne für den Winter bewahren. Und ihr habt auch noch Gesundes und Leckeres für die kommenden Monate.

In der Natur kann man verschiedene schmackhafte Früchte und Beeren sammeln. An Rosensträuchern wachsen nun Hagebutten. Der Holunder hat keine weißen Schirmchen mit Blüten mehr, sondern viele Rispen mit Holunderbeeren. Und die Brombeersträucher sind voller Brombeeren.

Astrid Lindgren, die Autorin der Pippi-Langstrumpf-Bücher, hat auch eine Geschichte über Kinder, die auf Expedition gehen, geschrieben: Die Kinder von Bullerbü. Das eine Mal ziehen sie los, um Kartoffeln auszugraben, ein anderes Mal pflücken sie Brombeeren oder fahren mit ihren Vätern auf einen See hinaus, um Krebse zu fangen. Das sind richtige Expeditionen. Sie sind lange unterwegs und müssen manchmal sogar aus Zweigen eine Hütte bauen, um darin zu schlafen.

Auch wenn man in Deutschland dafür nicht draußen übernachten muss, hat man beim Suchen von Brombeeren, Holunderbeeren und Hagebutten dennoch das Gefühl, auf einer Expedition zu sein. Es bedarf allerdings ein wenig Vorbereitung und es macht auch eine Menge Arbeit, wenn man mit seiner Beute nach Hause kommt. Aber es ist eine schöne Arbeit!

Eine Expedition muss man vorbereiten. Man muss wissen, wo man Beeren sammeln kann. Es wäre klug, ein Gebiet zu wählen, wo man alle drei Früchte auf einmal finden kann. Wenn es dort vielleicht nicht so viele Brombeeren gibt, pflückt man eben mehr Hagebutten oder Holunderbeeren. Alle drei Beerensorten wachsen in der Nähe von Gewässern, in Dünengebieten, aber auch entlang von Feldern und am Wegesrand.

Bevor ihr loszieht, um Früchte zu pflücken, solltet ihr überprüfen, ob sie schon reif sind. Am besten schaut ihr immer, wenn ihr an einem Rosen-, Brombeer- oder Holunderstrauch vorbeikommt, kurz nach.

Außerdem braucht man Einmachgläser und Glasflaschen. Ihr könnt auch Freunde und Nachbarn fragen, ob sie ihre leeren Gläser und Flaschen aufbewahren können. Die Gläser und Flaschen sollten allerdings einen Metallverschluss haben, weil Plastikdeckel sich durch die Wärme verformen. Außerdem sollten sie blitzeblank sein. Die alten Etiketten entfernt man am besten, indem man die Gläser eine Zeit lang in warmes Wasser legt. Dann lösen sie sich meist von selbst ab.

Vergesst nicht, geeignete Kleidung für eure Expedition anzuziehen. Für unsere Tour brauchen wir die ältesten Klamotten, die im Kleiderschrank zu finden sind. Und es ist ratsam, lange Sachen anzuziehen. Nackte Arme und Beine bekommen sonst mit Sicherheit Kratzer oder Brennnesselquaddeln. Brombeeren suchen ist nichts für Weicheier – und macht süchtig. Das merkt ihr spätestens dann, wenn ihr eure erste selbst gemachte Brombeermarmelade esst.

Ausrüstung:

Eimer

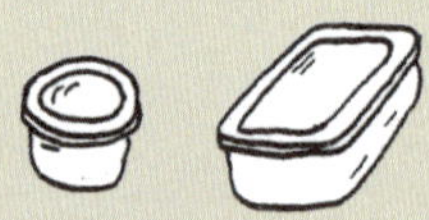

Behälter

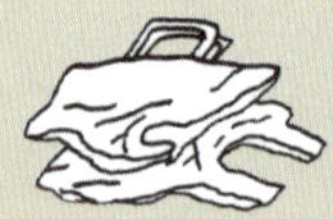

Plastiktüten

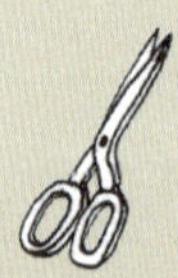

Schere

Rucksack mit Proviant

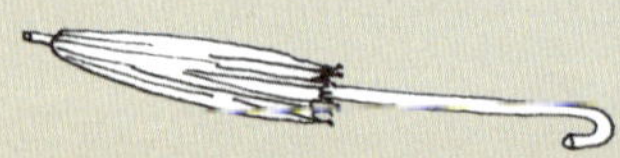

Regenschirm (um die Zweige nach unten zu ziehen)

B = BromBEEREN / H = HAGEBUttEN / HB = HolUNDERBEEREN

Man kann auf einer Landkarte markieren, wo man welche Beeren gefunden hat. Dann weiß man im nächsten Jahr wieder sofort, wo man pflücken muss.

Brombeeren

Brombeeren sind sehr robuste Sträucher, die genau wie Rosen ordentliche Stacheln haben. Sobald ein Zweig den Boden berührt, bildet er eigene Wurzeln aus. Dadurch wird aus einem Strauch bald ein dichtes, undurchdringbares Dickicht. Die Blätter bestehen meist aus fünf einzelnen, federförmigen Blättern. Die Blüten sind weiß oder hellrosa. Gegen Ende des Sommers bilden sich aus ihnen die Brombeeren: Erst sind sie hellrot, dann dunkellila und die lustigen kleinen Hubbel sind prall gefüllt mit süßem Saft.

Wenn der Sommer schön warm war, wird es meist ein gutes Brombeerjahr. Ab August kann man sie mehrere Wochen lang pflücken. Mit ein bisschen Glück hat man innerhalb von zwei Stunden einen ganzen Eimer voll. Wenn das Wetter nicht so gut war, muss man etwas länger warten und kann erst ab Ende August oder Anfang September reife Brombeeren ernten. Und man wird sich etwas mehr anstrengen müssen, um einen ganzen Eimer voll zu bekommen. Und voll muss er sein, denn Brombeeren kann man nie zu viele haben. Am praktischsten ist es, die Brombeeren erst in einem kleineren Plastikbehälter zu sammeln und diesen dann von Zeit zu Zeit in einen großen Eimer zu leeren. Besonders große und schöne Brombeeren sollte man in eine extra Dose packen, damit sie im Eimer nicht platt gedrückt werden. Man kann sie später als Dekoration verwenden oder als Mittagessen. Denn vom Brombeerenpflücken wird man müde und hungrig.

Brombeeren, die in Bodennähe wachsen, sollte man besser nicht pflücken. Sie könnten vom Fuchsbandwurm befallen sein, der über die Exkremente von Füchsen verbreitet wird.

Holunderbeeren

Beim Holunder, der, wie wir wissen, im Frühjahr so prächtige weiße Blütenrispen trug, hat sich gegen Ende des Sommers aus jeder Blüte eine Holunderbeere gebildet. Nun kann man keine Blütenschirme, sondern Beerenrispen ernten. Die Beeren sind erst hart und grün und sehen nicht sehr schmackhaft aus. Dieser Eindruck trügt nicht, denn grüne Holunderbeeren sind sogar leicht giftig. Erst wenn sich die Stiele rot und die Beeren schwarzrot färben, kann man sie zu Marmelade oder Saft verarbeiten. Aber ihr müsst sie erst kochen, roh schmecken sie nicht!

Früher glaubte man, dass Holunderbüsche vor Blitzschlag, Hexen oder anderen Ärgernissen schützen. So verrückt ist das gar nicht, denn Holunder wurde vielerorts auch zur Linderung von verschiedenen Leiden verwendet. Darum wachsen sie oft in der Nähe alter Häuser.

Holunderbeeren wachsen in Rispen. Zum Ernten schneidet man mit einer (Garten-)Schere die gesamte Rispe ab. Man sollte nur Rispen ernten, an denen die meisten Beeren sich schon schwarzrot gefärbt haben. Eine einzelne grüne Beere dazwischen ist nicht schlimm, aber mit einer ganzen Rispe grüner Holunderbeeren kann man nichts anfangen.

Fliegen verscheuchen

Wer von Fliegen belästigt wird, kann einen Holunderzweig am Hut oder an der Mütze befestigen. Fliegen mögen keinen Holunder und kommen nicht mehr in die Nähe des Gesichts.

HAGEBUTTEN

Auf unserer Geruchsschnitzeljagd sind wir zu Beginn des Sommers schon der Rose und ihren duftenden Blüten begegnet. Am Ende des Sommers kann man anstelle von Blüten die dicken, orangeroten, runden und birnenförmigen Früchte ernten: die Hagebutten.

Reife rote Hagebutten kann man am besten mit einer (Garten-)Schere vom Stiel abschneiden. Wenn man eine Hagebutte öffnet, sieht man ihre haarige Innenseite und viele kleine Kerne. Die Kerne sind nicht essbar, aber die Schale ist sehr lecker und gesund, da sie viel Vitamin C enthält.

Hagebutten sehen schön aus und sind schnell gepflückt. Allerdings benötigt man sehr viele davon und es ist leider eine saumäßige Arbeit, sie zu putzen. Aber man sollte sie mindestens einmal im Leben gepflückt und eine supergesunde, Vitamin-C-reiche Marmelade daraus gemacht haben.

Brombeertörtchen

Von frisch gepflückten Brombeeren kann man natürlich kaum die Finger lassen, aber diese Brombeertörtchen sind schnell gemacht und ein toller Nachtisch für ein Picknick.

Man braucht:

fertige Mini-Tortenböden (Torteletts, aus dem Supermarkt)

Brombeeren

Sprühsahne

Und so geht's:

1. Ihr könnt es euch denken: Die Törtchenböden aus der Verpackung nehmen und mit Brombeeren belegen
2. Mit Sahne besprühen.

So schnell kann man Brombeertörtchen machen!

marmeladen- und Saftfabrik

Wenn man nach Hause kommt mit Eimern und Dosen voller Früchte, sollte man die Küche eine Zeit lang für sich reservieren. Es ist auch nicht verkehrt, wenn jemand in der Nähe ist, den man beizeiten um Hilfe bitten kann. Vor allem beim Umgießen der heißen Flüssigkeiten vom Topf in die Gläser und Flaschen sind zwei Hände mehr sehr nützlich. Und geselliger ist es auch.

Als Erstes wäscht man die gesammelten Deckel, Gläser und Flaschen (ohne Etikett) in der Spülmaschine bei höchster Temperatur. Anschließend lässt man sie auf einem Geschirrtuch abtropfen.

Dann schaut ihr, wie viele Früchte ihr habt, und entscheidet, was ihr daraus machen wollt. Die Rezepte auf den nächsten Seiten sind immer für ein Kilo Früchte, aber man kann die Mengenangaben auch anpassen.

Achtung:
Nehmt einen großen Topf und füllt diesen nur zu zwei Dritteln mit Brombeeren. Marmelade blubbert, wenn sie kocht. Und wenn der Topf zu voll ist, kocht die Marmelade über und es gibt eine lilafarbene Sauerei ...

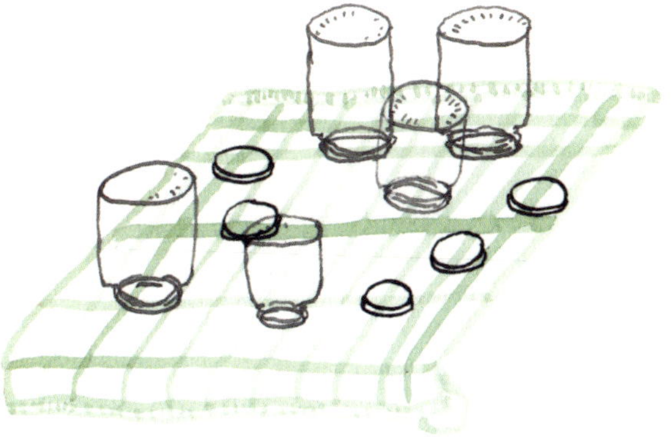

Brombeermarmelade mit Kernen

Man braucht:

1 kg Brombeeren

1 kg Gelierzucker

Saft von 1 Zitrone

Sieb

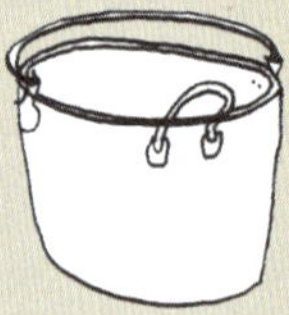

Topf mit dickem Boden

Trichter mit breiter Öffnung oder einen richtigen Marmeladentrichter

Schöpfkelle

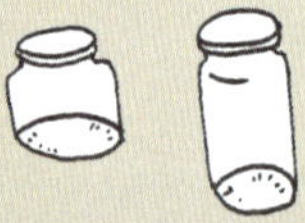

Gläser mit Schraubdeckeln aus Metall und ohne Etikett

Und so geht's:

1. Die Brombeeren waschen und in einem Sieb im Spülbecken abtropfen lassen.
2. Den Zucker abwiegen.
3. Die Zitrone auspressen.
4. Brombeeren, Zucker und Zitronensaft in den Topf geben und gut vermengen.
5. Den Topf auf den Herd stellen, die Brombeeren zum Kochen bringen und 10 Minuten sanft köcheln lassen.
6. Den Trichter in ein leeres Glas stellen.
7. Mit einer Schöpfkelle das Glas mit Marmelade füllen.
8. Wenn das Glas voll ist, schnell den Deckel zudrehen (die Gläser sind durch die Marmelade nämlich heiß).
9. Um das Glas zu vakuumieren, stellt man es zum Schluss noch für eine Viertelstunde auf den Deckel.

Wenn ihr keine Kerne in der Brombeermarmelade mögt, könnt ihr die Marmelade vor dem Einfüllen in die Gläser noch durch ein Passiersieb streichen.

Und wer es lieber weniger süß hat, nimmt pro Kilo Brombeeren 500 g „Gelierzucker Extra“ oder 300 g normalen Gelierzucker und zwei Päckchen Agar-Agar (aus dem Bioladen).

hagebuttenmarmelade

Man braucht:

1 kg Hagebutten (eine große Plastiktüte voll)

100 g Gelierzucker pro 100 g Hagebuttenmark

abgeriebene Schale und Saft von 1 Zitrone

evtl. Apfelsaft

Topf mit dickem Boden, um aus dem Hagebuttenmark Marmelade zu kochen

großen Topf, um die Hagebutten darin weich zu kochen

Messer

Reibe

Schöpflöffel

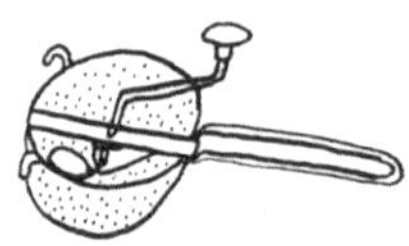

Passiersieb

Trichter mit breiter Öffnung oder einen richtigen Marmeladentrichter

Gläser mit Schraubdeckeln aus Metall und ohne Etikett

Und so geht's:

1. Die Hagebutten waschen und die Stiele entfernen.
2. Die Hagebutten mit etwas Wasser in einem großen Topf aufsetzen und 30 Minuten köcheln lassen, bis sie weich sind.
3. Den zweiten Topf mit dem Passiersieb darauf bereitstellen.
4. Die gekochten Hagebutten durch das Passiersieb in den zweiten Topf streichen.
5. Die Kerne aus dem Passiersieb kratzen und den nächsten Schwung Hagebutten zu Mus passieren. Von einer großen Menge Hagebutten bleibt meist relativ wenig Hagebuttenmark übrig.

6. Das Mark eventuell noch mit Apfelsaft oder etwas Kochwasser verdünnen.
7. Dann das Mark wiegen und Gelierzucker, Zitronenschale und Zitronensaft dazugeben.
8. Den Topf wieder auf den Herd stellen. Die Marmelade 5 Minuten köcheln lassen und dann mit dem Schöpflöffel durch den Trichter in die Gläser füllen.
9. Die Gläser so voll wie möglich machen und schnell den Deckel zudrehen. Um sie zu vakuumieren, stellt man sie für eine Viertelstunde auf den Deckel.

Holundersaft

Holunderbeeren sind sehr gesund. Holunderbeerensirup ist ein Wundermittel bei Fieber, beginnenden Halsschmerzen und Erkältung. Auch wer Probleme beim Einschlafen hat, sollte vor dem Zubettgehen ein kleines Glas Holundersaft trinken.

Als Erstes müssen die reifen Beeren von den Stielen befreit werden. Das ist ein Haufen Arbeit. Mit der folgenden Methode geht es am schnellsten: Man braucht dafür einen Eimer, den man zu Hälfte mit Wasser füllt. Eine Holunderrispe über den Eimer halten und die Beeren mit der Hand abstreifen. Das geht mit der Hand leichter und schneller als mit einer Gabel. Unreife Beeren und Stiele steigen im Wasser nach oben und man kann sie einfach rausfischen. Dann das Wasser abgießen und die übrigen Beeren wiegen.

Man braucht:

1 kg Holunderbeeren

250 g Zucker

½ TL Zimtpulver

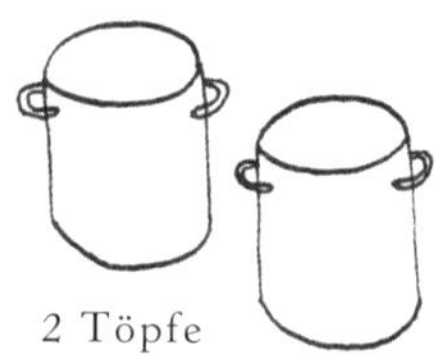

2 Töpfe

Trichter

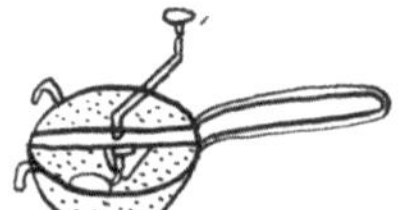

Passiersieb

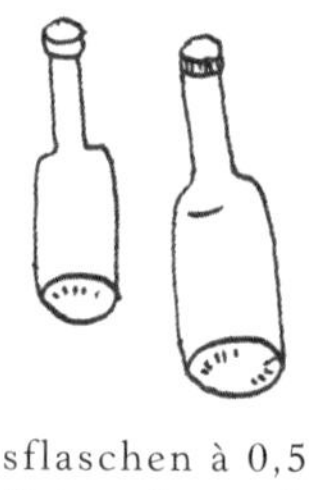

2 Glasflaschen à 0,5 Liter mit Schraubverschluss

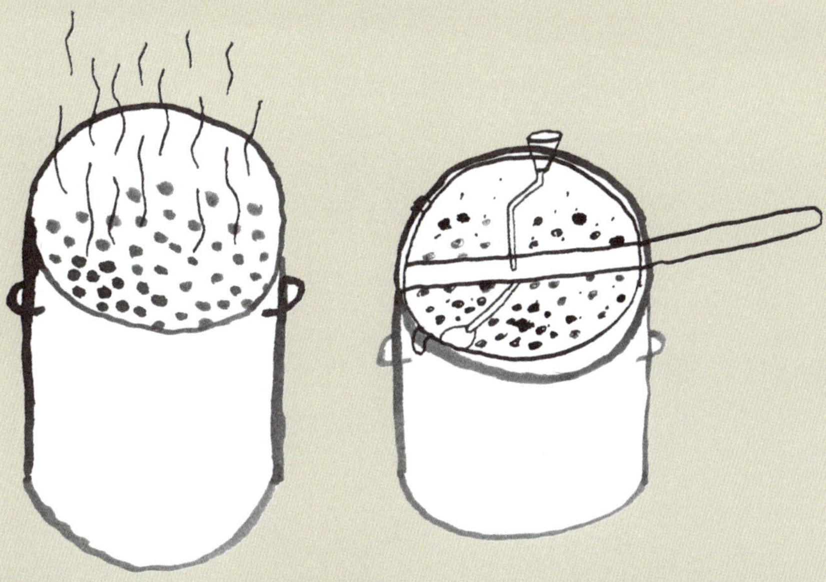

Und so geht's:

1. Die geputzten Holunderbeeren mit etwas Wasser in einen Topf geben.
2. Den Topf auf den Herd stellen und die Beeren 20 Minuten sanft köcheln lassen, bis sie aufplatzen und der Saft herausläuft.
3. Den zweiten Topf mit dem Passiersieb darin auf die Arbeitsfläche stellen.
4. Den Topf mit den Holunderbeeren vom Herd nehmen. Das Beerenmus nach und nach in das Sieb schütten und durchrühren.
5. Das Sieb regelmäßig säubern. Die Beerenreste entsorgen.
6. Zucker und Zimt zum Saft geben und den Topf noch einmal aufsetzen. Den Saft so lange kochen, bis sich der Zucker aufgelöst hat.
7. Den heißen Saft mithilfe des Trichters in die Flaschen füllen.

Kocht am besten gleich eine größere Menge Saft, da ihr sicher nicht die Einzigen seid, die mal schlecht einschlafen können. Jeder wird das Wundermittel probieren wollen.

etiketten entwerfen

Am Ende des Tages könnt ihr zufrieden auf eine ganze Reihe von Gläsern mit selbst gemachter Marmelade und Flaschen mit selbst gemachtem Saft schauen. Jetzt fehlen nur noch die Etiketten. Dazu nimmt man am besten schlichte weiße selbstklebende Etiketten, bemalt sie und vermerkt Datum und Inhalt. Und natürlich den eigenen Namen und den Zusatz „selbst gemacht".

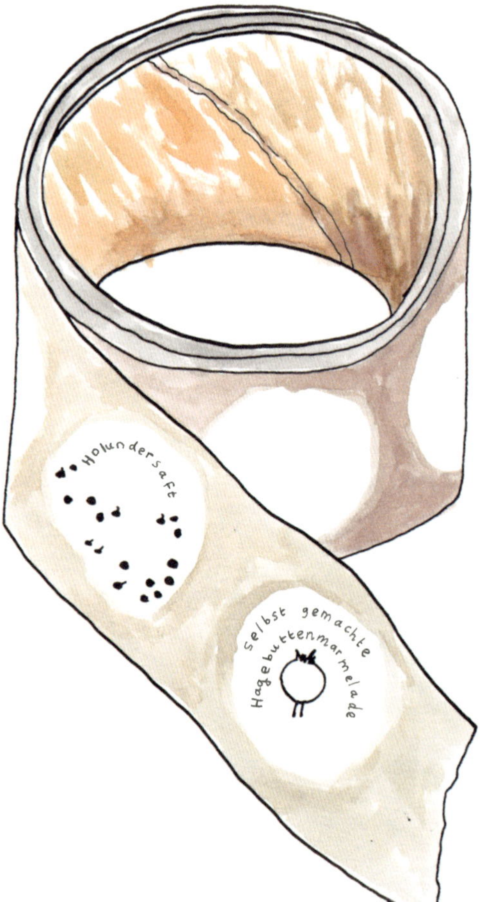

trinkjoghurt mit Brombeeren

Wer gerne Trinkjoghurt zu sich nimmt und schon mal die Verpackung genauer angesehen hat, weiß, dass tatsächlich nur sehr wenige Früchte darin sind. Oft nicht mehr als 2%. Bei einem Liter Flüssigkeit ist das nicht gerade viel. Das kann man selbst besser und leckerer machen!

Man braucht:

1 Becher
Joghurt

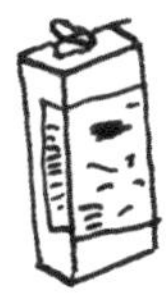

einen Schuss Orangensaft
(oder anderen Saft)

mind. 2 Handvoll
Brombeeren

Honig oder
Zucker

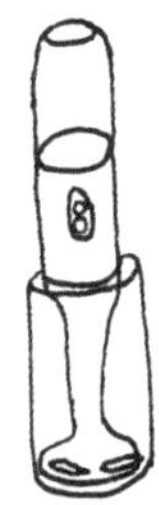

Stabmixer mit
dazugehörigem
Gefäß

Und so geht's:

1. Die Brombeeren abspülen, in das Gefäß geben und mit dem Stabmixer pürieren.
2. Joghurt und Saft dazugeben und weitermixen. Je nach gewünschter Konsistenz gibt man einfach noch mehr Brombeeren oder Saft dazu.
3. Probieren. Wer es gerne süß mag, fügt noch mehr Brombeeren oder Zucker oder Honig dazu.

Trinkjoghurt ist ein ideales Rezept, um übrig gebliebene Früchte zu verarbeiten. Fast alle Früchte eignen sich dazu. Los geht's mit dem Experimentieren!

Juckpulver aus Hagebutten

Necken muss sein, jedenfalls ab und an. Aber wer hat schon ein Geschäft mit Scherzartikeln in der Nähe, wo man allen möglichen Quatsch kaufen kann? Das folgende Rezept gehört in jede Trickkiste.

Man braucht:

einige Hagebutten

scharfes Messer

kleine Dose

Und so geht's:

1. Die Hagebutten halbieren und kurz trocknen lassen.
2. Mit einem Messer die Kerne herauskratzen und zwischen den Finger zerreiben. Wenn das zu mühsam ist, kann man auch einen Mörser nehmen.
3. Das Pulver in das Döschen füllen.

Juckpulver streut man am besten in den Nacken, gerade schon unter T-Shirt oder Hemd. Und dann schnell die Beine in die Hand nehmen und abhauen, bevor der Geärgerte merkt, wer diesen gemeinen Juckreiz verursacht hat!

Heuschrecken

Während man Beeren pflückt, begegnet man auch einigen Insekten. Beinahe überall auf der Welt werden Insekten gegessen. Heuschrecken zum Beispiel, aber auch Käfer und Würmer. Es gibt mehr als 1000 essbare Insektenarten, die obendrein auch noch nahrhaft sind. Sie enthalten nämlich viel Eiweiß, das wir sonst vor allem durch Fleisch oder Fisch zu uns nehmen. Wenn wir anstelle von normalem Fleisch Insekten essen würden, wäre das viel besser für die Umwelt.

Eine Heuschrecke ist ein großes, grünes Insekt mit langen Hinterbeinen und Fühlern. In Deutschland gibt es Dutzende verschiedene Heuschrecken. Man kann sie in zwei Gruppen einteilen: die mit kurzen und die mit langen Fühlern. Die Kurzfühlerschrecken ernähren sich ausschließlich von Pflanzen, die Langfühlerschrecken fressen eigentlich alles.

An warmen Sommerabenden kann man draußen die Heuschrecken zirpen hören. Die Männchen versuchen auf diese Weise, Weibchen anzulocken. Das Geräusch entsteht, wenn sie ihre Flügelspitzen aneinanderreiben.

Heuschrecken kann man mit den Händen fangen. Einfach mal ausprobieren. Es ist allerdings ein wenig mühsam, denn oft entwischen sie mit einem großen Sprung. Dann gilt es, im Gras weiterzusuchen, bis man eine ganze Mahlzeit zusammenhat. Und das kann dauern.

Schneller geht es, wenn ihr die Heuschrecken kauft. Wer sich traut, kann gefriergetrocknete Heuschrecken besorgen. Sie werden in einigen Supermärkten und im Internet angeboten.

Frittierte Heuschrecken

Man braucht:

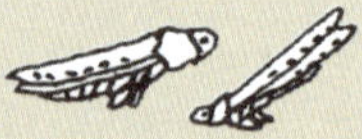

6–8 gefriergetrocknete Heuschrecken

50 g Mehl

1 TL Salz

100 ml Mineralwasser mit Kohlensäure

große Schüssel

Schneebesen

Fritteuse oder Bratpfanne mit einer Schicht neutralem Öl, z. B. Sonnenblumen- oder Erdnussöl

Schaumlöffel

Schokoladensoße

Chilisoße

Küchenpapier

Puderzucker

Und so geht's:

1. Kinder brauchen beim Frittieren Hilfe von Erwachsenen.
2. Für den Frittierteig das Mehl und eine Prise Salz in die Schüssel geben.
3. Unter ständigem Rühren nach und nach das Mineralwasser dazugeben. So lange weiterrühren, bis keine Klümpchen mehr im Teig sind.
4. Die Beine und Flügel der Heuschrecken entfernen.
5. Die Heuschrecken nacheinander in den Teig tauchen.
6. Währenddessen die Fritteuse oder die Pfanne mit dem Öl erhitzen.

7. Wenn das Frittierfett oder das Öl heiß ist, vorsichtig die Heuschrecken hineingeben und 3 Minuten frittieren.
8. Wenn sie schön braun sind, die Heuschrecken mit einem Schaumlöffel aus dem Fett heben und auf Küchenpapier abtropfen lassen.

Wer es gerne scharf mag, isst die Heuschrecken mit Chilisoße. Süßmäuler bekommen Schokoladensoße und Puderzucker dazu. Die Heuschrecke erst in die Schokoladensoße und dann in den Puderzucker dippen.

Und, schmecken euch die Insekten?

HERBST

Schätze aus dem Wald

Der Herbst ist vermutlich die beste Jahreszeit, um in den Wald zu gehen. Es riecht unglaublich gut und die Blätter leuchten in den schönsten Farben. Es raschelt, wenn man durch die getrockneten Blätter läuft. Man kann sie auch hochwerfen – oder sich darunter verstecken.

Darüber hinaus gibt es im Wald eine Menge zu entdecken, sogar wenn es regnet. Aus Kastanien, Bucheckern und Eicheln kann man etwas Schönes basteln und auch etwas Leckeres zubereiten. Wer ein zu Boden fallendes Blatt fängt, bevor es den Boden berührt, darf sich etwas wünschen.

Los geht's, raus an die frische Luft! Und später dann zum Aufwärmen nach Hause.

Ausrüstung:

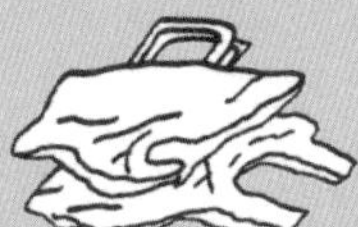

Plastiktüten

Spiegel

Schere

Rucksack mit Proviant

Ess- und Rosskastanie

Die Esskastanie ist ein großer Baum, den man an seinen länglichen Blättern mit gekerbtem Rand erkennt. Die Oberseite der Blätter ist dunkelgrün und grün. Die Unterseite ist hellgrün. Esskastanien kann man im Wald, in Parks und auf Landgütern finden. Sie können sehr alt werden. Es gibt sogar Bäume, die über 1000 Jahre alt sind. Im Frühjahr hängen kleine grüne Blüten wie Perlenketten im Baum. Im Herbst bekommen die Blätter eine schöne gelbbraune Farbe, bevor sie abfallen. Dann sind auch die Früchte reif.

Kastanien sind braune Nüsse, die von einer stacheligen Hülle, dem Fruchtbecher, umgeben sind. Im Herbst platzen die Fruchtbecher auf und die Kastanien fallen zu Boden. Manchmal fällt auch der Fruchtbecher samt Kastanien ab, bevor er sich geöffnet hat. Dann muss man den Fruchtbecher mühsam selbst öffnen und die Kastanien herausholen. Wenn man ihn mitnimmt und einige Tage liegen lässt, öffnet er sich auch von selbst. In einem Fruchtbecher sitzen meist drei Kastanien. Sie sind nicht immer gleich groß. Esskastanien haben eine flache Seite und eine behaarte Spitze. Sie sind essbar und schmecken süßlich. Allerdings kann man sie nicht roh essen. Wenn ihr welche findet, müsst ihr sie erst mit nach Hause nehmen, wo ihr dann etwas Leckeres daraus zubereiten könnt.

Die Rosskastanie oder Wilde Kastanie ist ebenfalls ein großer Baum, aber ihre Blätter haben eine ganz andere Form als die der Esskastanie. Ein Blatt besteht aus fünf Blattfingern. Man findet sie in Parks, Grünanlagen und Wäldern. Während der Blütezeit im Frühjahr bildet der Baum weiße oder rosa, senkrecht stehende Blütenrispen, die „Kerzen“.

Im Herbst verfärben sich die Blätter und die Früchte platzen auf. Die Früchte sind, genau wie bei der Esskastanie, stachelige Kugeln. Der einzelne Stachel ist aber dicker und es sind insgesamt weniger als bei der Esskastanie. Wilde Kastanien glänzen wunderschön, sind aber leider nicht essbar. Aber man kann aus ihnen etwas basteln. Außerdem ist es ein schönes Gefühl, eine glatte Rosskastanie in der Hosentasche umherzutragen.

Esskastanie

ESSKASTANIE

ROSSKASTANIE

geröstete esskastanien

Im Winter habt ihr sicherlich schon einmal Menschen in der Stadt gesehen, die in großen Tonnen etwas rösten. Das sind höchstwahrscheinlich Esskastanien. Sie werden in Spitztüten verkauft. Es ist herrlich, eine warme Tüte Kastanien in den kalten Händen zu halten.
Auch zu Hause kann man Kastanien rösten.

Man braucht:

Ess-
kastanien

scharfes
Messer

Butter

(Meer-)Salz

Zucker

Und so geht's:
Mit einem Messer ein Kreuz in die spitz zulaufende Seite der Kastanien ritzen. Wenn man das nicht macht, platzen die Kastanien während des Röstens. Außerdem kann man sie so nach dem Rösten leichter schälen. Wenn man sie stattdessen rundherum einkerbt, lassen sie sich noch leichter pellen.

Es gibt drei Möglichkeiten, Kastanien zu rösten:

Im Backofen

1. Den Ofen auf 200 Grad vorheizen.
2. Die Kastanien auf ein Backblech legen und so lange rösten, bis sie aufspringen. Das dauert 10–15 Minuten. Man sollte in der Nähe des Ofens bleiben, damit die Kastanien nicht anbrennen.

Im Topf

1. In einem Topf etwas Butter zerlassen.
2. Wenn die Butter geschmolzen ist, so viele Kastanien in den Topf geben, dass der Boden bedeckt ist.
3. Den Deckel auf den Topf setzen und die Kastanien bei schwacher Hitze ungefähr 20 Minuten rösten.
4. Die Kastanien ab und zu durchschütteln.

In der heißen Asche eines Kamins oder Grills

1. Die Kastanien 10–15 Minuten in die heiße Asche eines Kamins oder Grills legen.
2. Die restliche Asche vor dem Schälen abwischen.
3. Wenn man nicht möchte, dass die Kastanien Asche abbekommen, kann man sie auch zuvor in Alufolie wickeln.

Die Kastanien pellen, so lange sie noch warm sind. Nach dem Rösten solltet ihr sie aber erst ein wenig abkühlen lassen. Dazu schmeckt Butter und eine Prise (Meer-)Salz. Zucker geht natürlich auch.

HASELNUSS

Die Haselnuss ist ein Strauch mit eiförmigen Blättern mit einer kleinen Spitze. Der Rand der Blätter ist gesägt, und auch jeder Sägezahn ist wiederum gesägt. Die Zweige und der Stamm glänzen dunkel und es sieht aus, als hätten sie unreine Haut. Diese Hubbel nennt man auch Korkwarzen. Die männlichen Blüten der Haselnuss, die man Kätzchen nennt, haben eine unauffällige gelbgrüne Farbe. Sie haben winzige Blüten mit einem kleinen roten Stempel. Trotz seines ungefälligen Äußeren ist die Haselnuss ein besonderer Strauch. Er blüht nämlich sehr früh im Frühjahr, noch bevor sich die Blätter bilden.

Wenn die Früchte des Haselstrauchs im September reif sind, fallen sie zu Boden. Die harten, glatten, braunen Nüsse sind von einem Becher bzw. einer kelchförmigen Schale umgeben. Vögel und Mäuse sind ganz verrückt nach Haselnüssen, daher muss man schnell sein, sonst sind sie alle schon angefressen. Haselnüsse müssen erst geknackt und geröstet werden, bevor man sie essen kann.

Haselnusssträucher gibt es am Waldrand, in Gärten, in Parks oder entlang von Gewässern. Wer einen Fruchtbecher mit zwei Haselnüssen darin findet, ist ein Glückspilz: Die eine Nuss isst man auf und wirft die andere über seine Schulter. Währenddessen darf man sich etwas wünschen.

die beste Nusscreme der Welt

Man braucht:

600 g Haselnüsse mit Schale (wir brauchen gleich 200 g Haselnüssen ohne Schale)

200 g Milch- oder Zartbitterschokolade

25 g weiche Butter

Nussknacker

200 ml Vollmilch

50 g Zucker

Backofen

Backblech

sauberes Geschirrtuch

Küchenmaschine oder Stabmixer

Kasserolle

große Schüssel

Und so geht's:

1. Den Ofen auf 180 Grad vorheizen.
2. Die Haselnüsse mit dem Nussknacker aufbrechen. Wenn alle Nüsse aufgeknackt sind, diese auf das Backblech legen.
3. Die Nüsse 10 Minuten auf der mittleren Schiene des Backofens rösten, bis die braune Haut aufplatzt. Aus dem Ofen holen und abkühlen lassen.
4. Dann einige Nüsse auf ein sauberes Handtuch legen, das Tuch zusammennehmen und die Nüsse im Tuch aneinanderreiben, bis sich die Haut abgelöst hat. Nun hat man schöne, helle Haselnüsse.

5. Die Nüsse in die Küchenmaschine geben. Ein Stabmixer mit dazugehörigem Becher geht auch. Die Nüsse so fein mahlen, dass das Öl austritt.
6. Die Schokolade in Stücke brechen oder fein hacken und in eine Schüssel geben.
7. Die Butter und die gemahlenen Nüsse dazugeben.
8. Milch und Zucker in einer Kasserolle unter ständigem Rühren erwärmen, bis der Zucker geschmolzen und die Milch heiß ist.
9. Die heiße Milch zu der Schokoladennussmischung in die Schüssel gießen. Kräftig rühren, bis die Schokolade und die Butter geschmolzen sind. Fertig ist die beste Nusscreme der Welt!

Die Nusscreme schmeckt auch sehr gut zu selbst gemachten Pfannkuchen.

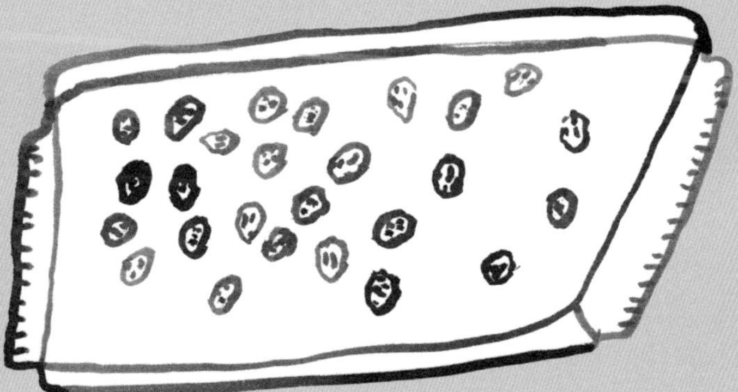

Bucheckern

Buchen gibt es hauptsächlich im Wald oder in Gärten von Burgen oder Landsitzen. Es sind schöne, große Bäume mit einem breiten, glatten, grauen Stamm. Eine Buche kann bis zu 300 Jahre alt werden. Je älter eine Buche ist, desto dicker ist ihr Stamm. Wenn man sich dicht an den Stamm einer Buche stellt und nach oben schaut, kann man sehen, dass die Blätter zusammen eine Art Regenschirm bilden. Wenn es regnet, kann man sich dort gut unterstellen, denn der Regen läuft den Stamm hinunter.

Es gibt Buchen mit grünen, glänzenden Blättern und Buchen mit rötlich schimmerndem Holz, die Rotbuchen. Im Herbst verfärben sich die Blätter der grünen Buchen gelb und die der Rotbuchen rotbraun. Wenn sich die Buchen im Herbst so prächtig verfärben, ist es an der Zeit, nach Bucheckern zu suchen. In den Fruchtbechern der Rotbuche sitzen immer zwei Bucheckern. Wenn die Bucheckern reif sind, öffnet sich die Hülle und sie fallen heraus. Bucheckern sind Nüsse. Sie haben drei Kanten und sind von einer braun glänzenden Schale umgeben.

Mit etwas Glück kann man einen „Bucheckern-Regen“ erleben. Dann fallen alle Bucheckern einer Buche zur gleichen Zeit zu Boden und man hört minutenlang das Ticken der herabfallenden Nüsse. Leider passiert das nur selten dann, wenn man gerade in der Nähe ist. Meistens muss man die Bucheckern vom Boden aufsammeln. Oft liegen die aufgesprungenen, vierlappigen Fruchtbecher direkt daneben. Eichhörnchen fressen gerne Bucheckern, aber da auch wir sie probieren möchten, sammeln wir nun ein paar.

Man munkelt übrigens, dass das Wort „Buch“ von der „Buche“ abgeleitet wurde, weil vor langer Zeit, bevor es Papier gab, auf Buchenholz geschrieben wurde.

Bucheckern-Crunchies

Als Erstes muss die harte Schale der Bucheckern entfernt werden. Das ist eine ziemliche Friemelei, bei der man wunde Finger bekommt, aber sie lohnt sich.
Manche Menschen werden nun sagen, dass man keine Bucheckern essen darf, weil sie die giftige Blausäure enthalten. Allerdings ist die in ihnen enthaltende Menge verschwindend gering … Wer unsicher ist, sollte die Bucheckern vor dem Verzehr rösten, dann wird sie abgebaut. Aus gerösteten Bucheckern kann man leckere Karamell-Crunchies machen.

Man braucht:

200 g geschälte Bucheckern

250 g (Rohr-) Zucker

Bratpfanne mit dickem Boden

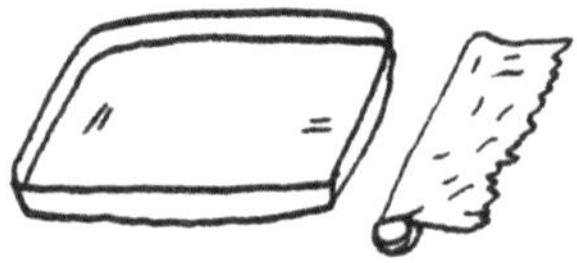

Backblech mit Backpapier

kleine Schale

Und so geht's:

1. Die Pfanne erhitzen und die geschälten Bucheckern darin einige Minuten rösten.
2. Dann zum Abkühlen in eine kleine Schale geben.
3. Die braunen Häutchen entfernen, indem man die Bucheckern zwischen den Händen reibt.
4. Kinder brauchen beim Karamellisieren Hilfe von Erwachsenen.
5. Um Zucker zu karamellisieren, gibt man ihn in eine Pfanne und lässt ihn bei schwacher Hitze schmelzen.
6. Sobald der Zucker geschmolzen ist, erhöht man die Temperatur. Man muss auf jeden Fall dabeibleiben, denn nun geht alles sehr schnell: Zucker verbrennt nämlich schneller, als man gucken kann. Ob aus dem

Zucker schon Karamell geworden ist, kann man an seiner Farbe erkennen. Probieren ist verboten, denn der Zucker ist glühend heiß. Der geschmolzene Zucker fängt an zu brodeln und verändert seine Farbe: von gelb zu hellbraun. Auch am Geruch lässt sich erkennen, ob der Zucker schon karamellisiert ist – es riecht nach Karamell.

7. Nun schnell die Bucheckern in den Zuckersirup streuen und gut durchrühren.
8. Die Pfanne vom Herd nehmen und den Inhalt auf ein mit Backpapier ausgelegtes Backblech gießen.
9. Wenn die Masse abgekühlt ist, kann man sie in Stücke schneiden oder brechen.

Das ist doch wirklich etwas ganz Besonderes, oder?

Spinnennetze

Im Herbst gibt es draußen schöne große Spinnennetze, mit denen Spinnen ihre Nahrung fangen. Sie stellen Netze mit einem Spinnfaden her, den sie aus ihrem Hinterleib absondern. Der Spinnfaden ist sehr robust.

Früher haben Menschen Spinnennetze als Verband genutzt. Das Netz half, die Blutung zu stillen. Außerdem verheilte die Wunde schneller.

aus Spinnennetzen einen Spiegel machen

Man braucht:

einen biegsamen, 30 cm langen Zweig

Schnur

Spinnennetze

evtl. eine Sprühflasche

Und so geht's:

1. Einen dünnen, biegsamen Zweig suchen, der ungefähr 30 cm lang ist.
2. Den Zweig zu einem Kreis biegen und die Enden mit der Schnur zusammenbinden.
3. Damit fängt man nun so viele Spinnennetze, bis der Kreis komplett mit ihnen ausgefüllt ist.
4. Wenn es draußen feucht ist, fangen die Spinnennetze an zu glänzen. Wenn gutes Wetter ist, nimmt man den Spiegel mit nach Hause und sprüht mit einer Flasche ein wenig Wasser auf die Spinnweben.

EICHELN

Eine Eiche ist leicht zu erkennen. Es ist ein großer Baum mit einem dicken Stamm, der tiefe Furchen hat. Eichen findet man in Wäldern, Parks und am Wegrand.

Die Blätter haben Einbuchtungen. Diese Blattform nennt man auch gelappt. Die Früchte der Eiche, die Eicheln, werden im Herbst reif und fallen dann zu Boden. Sie haben eine glatte Oberfläche und sind grün oder braun. Manchmal sitzen der Stiel und die kleine Kappe, an der die Eichel wächst, noch dran. Die Kappe nennt man Fruchtbecher.

Viele Tiere fressen gerne Eicheln: Mäuse, Eichhörnchen, Hirsche, Ziegen, Wild- und Hausschweine. Eicheln darf man aber nicht an Pferde, Kühe oder Schafe verfüttern. Sie werden davon krank.

eicheln für den Bauernhof sammeln

So kann man nicht zwei, sondern mit etwas Glück sogar drei Fliegen mit einer Klappe schlagen: Draußen im Wald Eicheln suchen, zum Bauernhof oder Streichelzoo bringen und vielleicht sogar ein kleines Dankeschön dafür bekommen.

Viele Tiere auf Bauernhöfen und in Streichelzoos sind verrückt nach Eicheln, kommen aber selten in ihren Genuss. Das lässt sich ändern: Einfach so viele schöne braune Eicheln ohne Kappe suchen wie möglich und bei einem Bauernhof oder Streichelzoo abliefern. Vielleicht zahlen die Besitzer sogar einen kleinen Betrag dafür (pro Kilo Eicheln). Und am Ende sind alle glücklich: Mensch und Tier.

auf einer Eichelkappe pfeifen

Beide Daumen auf eine Eichelkappe legen und einfach lospfeifen. Verschiedene Größen ausprobieren – die Wahrscheinlichkeit, dass sie alle anders klingen, ist groß.

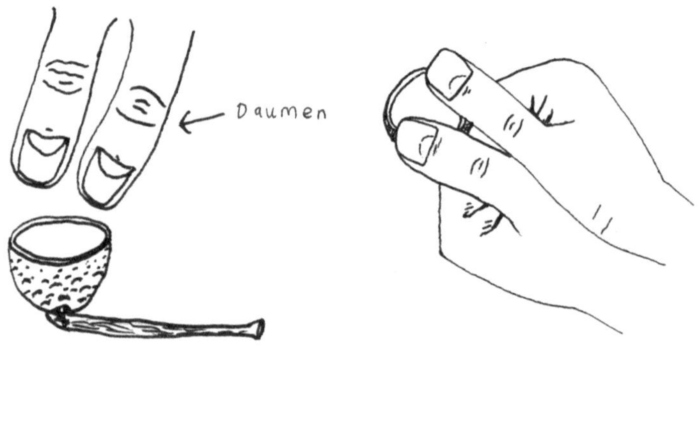

Männchen und Tiere aus Eicheln und Kastanien basteln

Man braucht:

Eicheln

Fruchtbecher von Eicheln und/oder Bucheckern (als Hüte)

Ahorn-Samen-Schraubenflieger (als Helikopter, Fledermaus oder um sie sich auf die Nase zu kleben)

Kastanien

Kleber

Zahnstocher

Federn

Ahle

Wolle (für eine Kastanienspinne mit Netz)

Filzstift

Und so geht's:

1. Mit der Ahle Löcher in eine Kastanie stechen und Zahnstocher hineinstechen. Mit einem schwarzen Filzstift zwei Augen darauf malen – und fertig ist der Igel.
2. Kastanienmännchen bastelt man, indem man in eine kleine Kastanie (als Kopf) und eine größere Kastanie (als Körper) jeweils ein Loch sticht und sie mit einem Zahnstocher verbindet. Auf dieselbe Weise kann man Eicheln als Arme und Beine am Kastanienmännchen befestigen. Und zum Schluss kann man dem Männchen noch einen Eichel-Fruchtbecher als Mütze auf den Kopf kleben.
3. Und nun selbst etwas ausdenken!

Pilze

Pilze sind die Fruchtkörper eines Geflechts, das meist unter der Erde wächst. An regnerischen Tagen wachsen sie am schnellsten und sehen am schönsten aus. Man sagt, etwas „schießt wie Pilze aus dem Boden". Das stimmt wirklich, wie wir nun wissen.
Manche Pilze haben Namen, die uns an Hexen und Teufel denken lassen, wie zum Beispiel das Hexenei oder der Satans-Röhrling. Das liegt daran, dass die Menschen früher vor Pilzen Angst hatten. Sie konnten sich nicht erklären, wie über Nacht so etwas aus dem Boden wachsen konnte. Da musste doch der Teufel seine Hand im Spiel haben.
Ein anderes Beispiel ist der Hexenring: Damit ist eine Gruppe von Pilzen gemeint, die in einem Kreis gewachsen sind. Früher dachte man, das sei das Werk einer Hexe. Ein Kreis, in dem sie zusammen tanzten und aus dem jemand, der zufälligerweise hineintrat, nie wieder herauskäme. Hexenringe entstehen jedoch, weil die Fäden eines Pilzes im Erdboden gleich schnell in alle Richtungen gewachsen sind.

Viele Pilze stehen unter Naturschutz und dürfen nicht gepflückt werden. Die meisten Pilze darf man außerdem nicht essen, einige sind sogar giftig. Man muss sich mit Pilzen sehr gut aus- und sie vor allem erkennen können, bevor man sie pflücken und essen kann. Darum pflücken wir keine Pilze, sondern schauen ihnen nur unter den Hut.

Pilzen unter den Hut gucken

Man braucht:

Spiegel

Ein Pilz besteht aus einem Hut und einem Stiel mit einer Manschette darum. Wenn man einen Spiegel unter den Hut hält, kann man seine Unterseite betrachten. Den Pilz aber nicht mit den Händen berühren, sonst könnte er beschädigt werden.

Es gibt Pilze, deren Hutunterseite wie ein Schwamm aussieht. Das sind Röhrenpilze. Andere Pilze haben Trennwände an der Unterseite, das sind sogenannte Lamellenpilze.

Lamellenpilz

Röhrenpilz

Nadelbäume: Kiefern und Fichten

Nicht nur im Herbst ist es schön im Wald. Im Winter, wenn die Bäume keine Blätter mehr tragen, gibt es zum Glück trotzdem noch ein bisschen Farbe. Das liegt an den Nadelbäumen: Ihre Nadeln bleiben das ganze Jahr über grün.
Die Kiefer und die Fichte sind zwei Nadelbäume, die sich sehr ähnlich sehen, sich aber dennoch unterscheiden. Die Nadeln der Kiefer wachsen in Bündeln von zwei bis fünf zusammen und sind rund, lang und weich. Die Früchte der Kiefer heißen Kiefernzapfen oder Kienapfel. Bei einer Fichte wächst jede Nadel einzeln. Die Nadeln sind drei- oder viereckig, kurz und hart. Die Frucht nennt man Fichtenzapfen.

Wer es auch immer so schade findet, wenn der Weihnachtsbaum vor die Tür gesetzt wird und mit ihm auch sein schöner würziger Duft verschwindet, braucht nicht bis Weihnachten zu warten, um sich den Geruch nach Nadelbäumen ins Haus zu holen. Im Frühjahr (April und Mai) kann man im Wald junge Nadeln von Fichten und Kiefern sammeln. Wenn ihr daraus Tee, Hustensaft oder Badezusatz herstellt, habt ihr nicht nur das herrliche Tannenaroma im Haus, sondern auch Mittel, die gegen Grippe, Fieber, Husten und Erkältung helfen, weil sie viel Vitamin C enthalten.

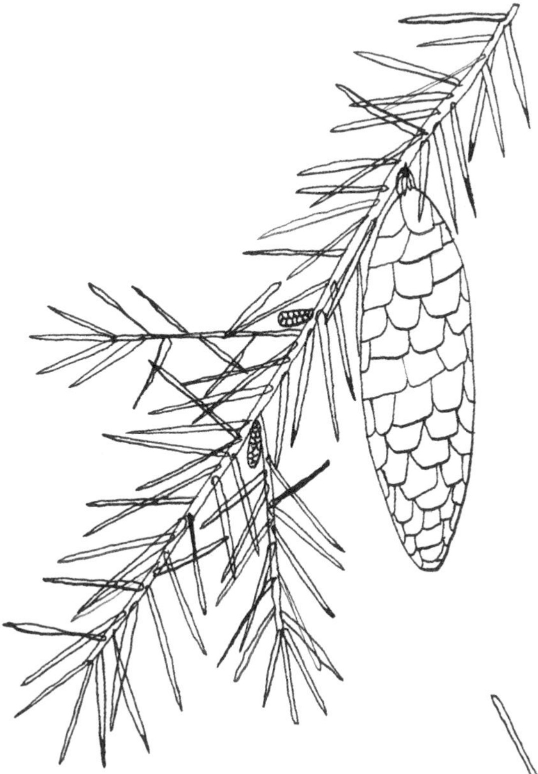

fichte

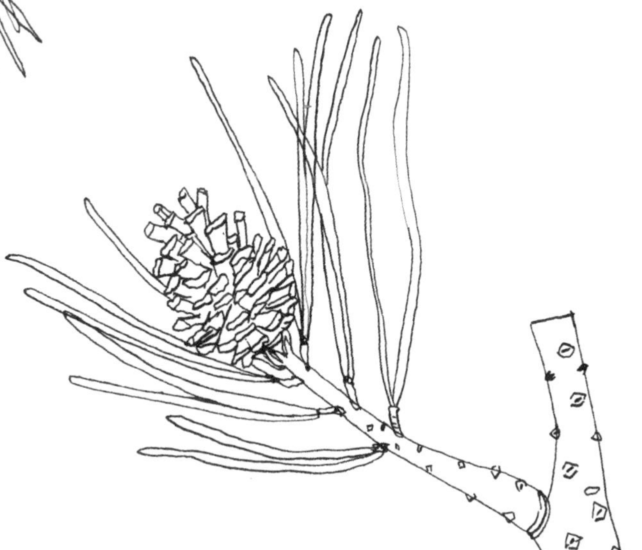

kiefer

Nadeltee

Man braucht:

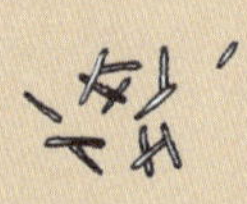

1 TL getrocknete Kiefern- und/oder Fichtennadeln

kochendes Wasser

Teebecher oder Teeglas

Und so geht's:

1. Die Nadeln in den Becher geben und mit kochendem Wasser übergießen.
2. 5 Minuten ziehen lassen.

Hustensaft aus Kiefernnadeln

Man braucht:

300 g junge, hellgrüne Kiefernspitzen

1 Liter Wasser

1 kg Gelierzucker

Saft von 1 Zitrone

Topf

Pfeifenkessel

Sieb

Schale

Trichter

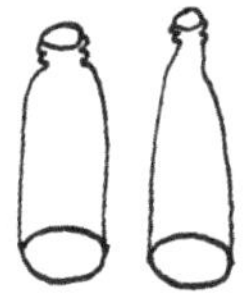

saubere Flaschen

Und so geht's:

1. Das Wasser im Pfeifenkessel aufkochen und 5 Minuten abkühlen lassen.
2. Zucker, Zitronensaft und Kiefernspitzen in einen leeren Topf geben und das heiße Wasser angießen.
3. Den Deckel auf den Topf setzen und alles 24 Stunden ziehen lassen.
4. Am nächsten Tag die Mischung 10 Minuten kochen. Dann abkühlen lassen.
5. Das Sieb auf die Schale setzen und den Inhalt des Topfes hineingießen. Die in der Schüssel aufgefangene Flüssigkeit mithilfe des Trichters in die Flaschen umfüllen.

Ihr braucht mit dem Trinken des Sirups nicht zu warten, bis ihr erkältet seid. Man kann ihn auch als Limonadensirup verwenden. An den Geschmack muss man sich allerdings erst einmal gewöhnen – vielleicht also doch besser bis zur nächsten Erkältung warten?

Ein Kiefernbad nehmen

Man braucht:

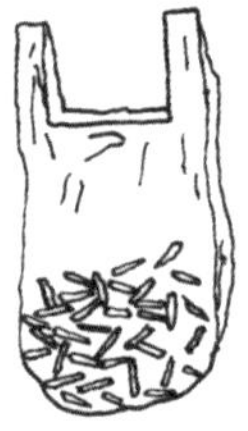

eine halbe Plastiktüte voll Kiefernnadeln

2 Schalen

1 Liter kochendes Wasser

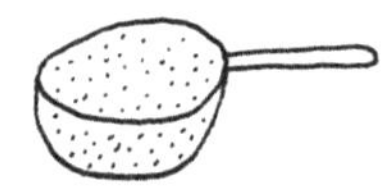

Sieb

Und so geht's:

1. Die Kiefernnadeln in eine Schale geben und mit kochendem Wasser übergießen. 20 Minuten ziehen lassen.
2. Dann das Sieb auf die zweite Schale legen und den Inhalt der ersten Schale hineingießen.
3. Die in der Schale aufgefangene Flüssigkeit zum Badewasser geben.

Wenn man abends vor dem Zubettgehen ein Kiefernbad nimmt, kann man sehr gut schlafen.

Eine Kiefernzapfen-Wetterstation bauen

Wenn man draußen etwas unternehmen möchte und mit dem Fahrrad zur Schule oder Arbeit fahren muss, ist es wichtig zu wissen, wie das Wetter wird: Bleibt es heute trocken? Weil der Wetterbericht im Fernsehen und im Radio jedoch nie ganz genau vorhersagen kann, wie das Wetter an dem Ort wird, an dem man gerade ist, kann man sich eine eigene Direkt-vor-der-Tür-Wetterstation zulegen.

Man braucht:

Kiefernzapfen

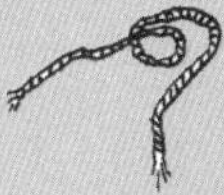

Bindfaden

Und so geht's:

1. Den Bindfaden an den Kiefernzapfen knoten.
2. Den Zapfen draußen vor das Fenster hängen.

Wenn sich der Zapfen schließt, wird es feucht. Dann sollte man eine Regenjacke oder einen Regenschirm mitnehmen. Oder gleich zu Hause bleiben. Wenn der Zapfen geöffnet ist, bleibt es trocken und man kann draußen etwas Schönes unternehmen oder kommt trocken in die Schule oder zur Arbeit.

HERBST

Seltene Funde

Bei uns in der Straße, genau vor unserer Tür, stand 20 Jahre lang ein besonderer Baum, ein Kirschapfel. Alle anderen Bäume waren Weißdornen, außer unserem. Vermutlich hat das Grünflächenamt einen Fehler gemacht. Unser besonderer Baum hatte im Frühjahr wunderschöne weiße Blüten. Wenn sie in voller Blüte standen, kamen Hunderte Bienen angeflogen. Selbst im Haus konnte man noch ihr Summen hören. Am Ende des Sommers trug der Baum rote Früchte, die an Kirschen erinnerten. Ein Festmahl für Vögel, aber nicht ganz so schön für uns: Wir mussten jeden Morgen vor dem Losfahren die klebrigen Reste der roten Beeren von unseren Fahrrädern putzen.

Als der Baum starb, wurde an seiner Stelle ein neuer Baum gepflanzt. Ein Weißdorn, so wie alle anderen Bäume in der Straße. Ein schöner Baum mit Blüten und leckeren Früchten. Leider trugen die Weißdorne in unserer Straße keine Früchte. Das hatte aber den Vorteil, dass unsere Fahrräder nie wieder klebrig waren.

Es ist mittlerweile normal, in der Stadt Bäume zu pflanzen, von denen sich die Bewohner nicht belästigt fühlen. Die Stadtbäume sind abgewandelte Versionen der ursprünglichen Bäume. Sie werden so gezüchtet, dass sie keine klebrigen Früchte produzieren oder keine harten Nüsse mehr tragen. Es gibt sogar schon Kastanienbäume ohne Kastanien.
Das ist praktisch, aber auch ein bisschen schade. Im Herbst kann man nämlich aus den Früchten und Nüssen der Bäume allerlei machen. Darum machen wir uns auf die Suche nach den Bäumen in ihrer ursprünglichen Form. Es gibt sie zum Glück noch, man muss nur nach ihnen Ausschau halten.

Dafür zieht ihr am besten alte Kleidung an. Für das Sammeln von Weißdornbeeren sogar langärmelige. Für die Ginkgonuss-Ernte braucht ihr Gummistiefel oder Schuhe, deren Sohle man mit Wasser abspülen kann.

Ausrüstung:

Latexhandschuhe

oder Butterbrotpapier aus Plastik

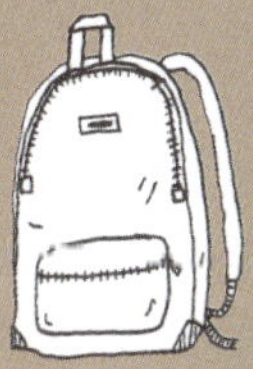

Rucksack mit Proviant

Plastiktüten

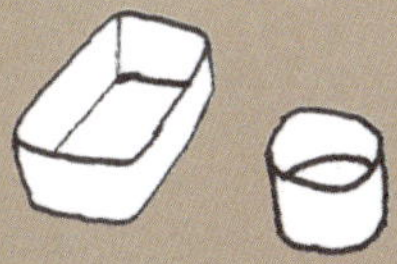

oder Plastikschalen

WEISSDORN

Der Weißdorn hat seinen Namen verdient: Große Dornen sitzen an seinen Zweigen und im Mai trägt er üppige, perlweiße Blüten. Die Oberseite der Blätter ist grün, ihre Unterseite blaugrün. Sie sind gelappt. Das bedeutet, dass sie durch tiefe Einschnitte geteilt sind. Weißdorne gehören zur Familie der Rosengewächse. Ihre Blüten duften, genau wie die der Rosen, meistens riechen sie sogar intensiver und besser.

Weißdorne wachsen manchmal als Hecke entlang einer Weide. Bauern pflanzten sie früher als eine Art natürlichen Stacheldraht, damit ihnen die Kühe nicht wegliefen. Sehr praktisch also, diese Dornen. Weißdorne findet man nicht nur entlang von Weiden, sondern auch am Waldrand. Ihre Früchte sind im August reif. Sie sind feuerrot und etwa so groß wie Erbsen. Roh sind sie kein besonderer Genuss, weil sie recht trocken und mehlig schmecken. Wir pflücken sie also, um zu Hause etwas Leckeres aus ihnen herzustellen.

Honig mit Weißdornbeeren

Man braucht:

2 Handvoll Weißdornbeeren

Honig

sauberes Glas mit Schraubdeckel aus Metall

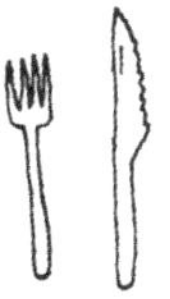

Gabel oder Messer

Und so geht's:

1. Die Stiele der Weißdornbeeren entfernen.
2. Die Beeren mit einer Gabel oder der flachen Seite eines Messers zerdrücken, damit sie aufplatzen. Dadurch setzt sich der Geschmack besser frei.
3. Die zerdrückten Beeren in das Glas geben.
4. Den Honig zu den Beeren ins Glas gießen.
5. Beeren und Honig miteinander verrühren, bis keine Luftblasen mehr zu sehen sind.
6. Den Honig an einem warmen Ort einige Wochen ziehen lassen. Damit sich die Beeren und der Honig gut vermischen, das Glas ab und an auf den Kopf stellen. Darauf achten, dass der Deckel richtig auf dem Glas sitzt, sonst gibt es eine Sauerei.

Die Beeren geben dem Honig einen besonderen Geschmack und sehen noch dazu sehr schön aus. Man kann so ein Glas natürlich auch gut verschenken.

Weißdorn hilft auch beim Einschlafen. Vor dem Schlafengehen ein Glas warme Milch mit zwei Löffeln Weißdornhonig trinken. Gute Nacht!

Walnuss

Die Walnuss ist ein großer Baum, der im Frühjahr grüngelbe Blüten und Kätzchen trägt. Kätzchen sind Blüten. Durch ihre Form fühlen sie sich wie ein weiches Katzenfell an, wenn man über sie streicht.

Jedes Blatt besteht aus sieben Einzelblättern, die in Richtung Spitze immer größer werden. Walnussbäume wurden früher oft auf Bauernhöfen gepflanzt, weil Mücken und Fliegen den Geruch der Blätter nicht mögen und sich fernhalten. Das ist natürlich gut für die Bauern.

Der Walnussbaum trägt grüne Früchte. Wenn sie im Oktober reif sind, fallen sie zu Boden und werden schwarz und weich. In der schwarzen Frucht sitzt ein Stein; das ist die richtige Walnuss. Wenn man versucht, sie aus der schwarzen Außenhülle zu lösen, bekommt man schwarze Finger. Die Farbe, die diese weiche Außenhülle abgibt, wurde früher zum Haarefärben verwendet. Wenn man keine schwarzen Finger bekommen möchte, sollte man beim Schälen also Plastikhandschuhe tragen oder eine Butterbrottüte um die Hände wickeln. Man braucht auch nicht alle Nüsse auf einmal aufknacken. Walnüsse sind lange haltbar. Man kann sie mindestens ein Jahr lagern, nachdem man sie gesammelt hat.

Um an die Walnuss zu kommen, muss man zuerst die sie umgebende harte Schale aufbrechen. Das geht am besten mit einem Nussknacker. Wenn die Schale aufgeknackt ist, sieht man die Nüsse. Mit ihren Rillen sehen sie aus wie zwei kleine Gehirnhälften. Wenn man die Nüsse direkt nach dem Pflücken isst, sind sie noch ein bisschen feucht. Einige Leute finden die frischen Walnüsse am besten. Ihr solltet allerdings die Haut der Nüsse entfernen, da sie bei frischen Walnüssen bitter schmeckt. Den hellen Teil kann man essen; er ist weich und süß. Wenn man die Nüsse erst später isst, wenn sie schon getrocknet sind, ist die Haut nicht mehr bitter und braucht nicht entfernt zu werden.

ein Walnussschiffchen basteln

Man braucht:

Walnussschalenhälften

Nussknacker oder stumpfes Messer

(buntes) Papier

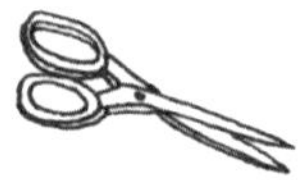

Schere

Kleber, (Bienen-) Wachs oder Kerzenwachs

Zahnstocher

einige Strohhalme

Und so geht's:

1. Als Erstes kommt das Schwierigste: Walnüsse knacken, ohne dass die beiden Hälften der Schale kaputtgehen. Man braucht unbedingt ganze Schalenhälften. Damit die Nüsse nicht beschädigt werden, kann man sie auch mit einem stumpfen Messer öffnen.
2. Auf der einen Seite des Zahnstochers die Spitze abknipsen.
3. Aus Papier ein Dreieck zuschneiden. Das wird das Segel.
4. Den Zahnstocher mit der verbliebenen spitzen Seite zweimal durch das Papier stechen.
5. Den Mast mit dem Segel mithilfe von Kleber, etwas (Bienen-)Wachs oder flüssigem Kerzenwachs in der Wallnusshälfte befestigen.

Für eine Wettfahrt füllt ihr nun eine Wanne oder Schüssel mit Wasser und sucht ein paar Strohhalme, um Wind in die Segel zu pusten.

datteln mit Frischkäse und Walnüssen

Man braucht:

1 Schachtel Datteln (aus dem Supermarkt oder vom türkischen Gemüsehändler)

1 Päckchen Frischkäse

Walnüsse

Messer

Und so geht's:

1. Die Datteln entkernen: Mit einem Messer die Dattel einschneiden und den Kern rauspulen.
2. Die Datteln mit Frischkäse füllen und eine Walnuss hineinstecken.

So schnell, so einfach, so lecker!

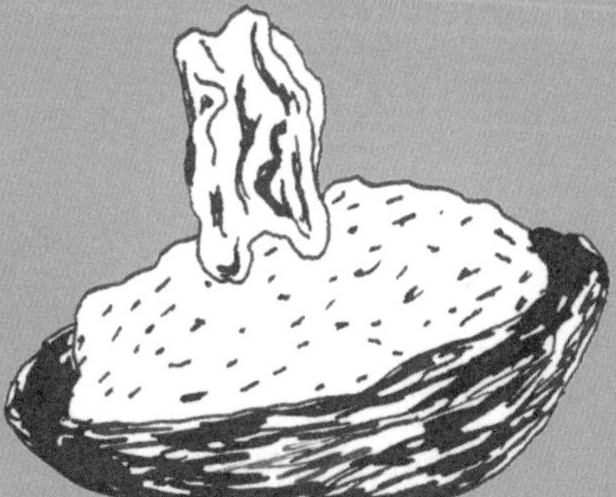

Walnusspralinen

Man braucht:

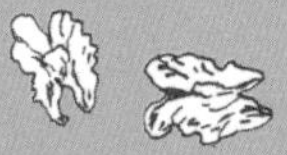

200 g Walnüsse ohne Schale

200 g Schokolade (helle, dunkle, weiße – wie man es am liebsten hat)

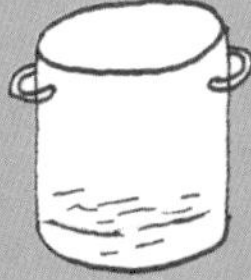

Topf mit Wasser

große Suppenschüssel

Backpapier

1 Tüte Kokosraspel

Und so geht's:

1. Die Schokolade in Stücke brechen und sie „au bain-marie“ schmelzen. „Bain-marie“ heißt wörtlich übersetzt „Marienbad“ und bedeutet, dass man die Schokolade im Wasserbad ganz langsam schmelzen soll. Die Schokolade darf nicht zu heiß werden, da sie dann bitter wird.
2. Die Schokoladenstücke dafür in eine Suppenschüssel geben. Einen großen Topf mit etwas Wasser aufsetzen. Dann die Suppenschüssel in den Topf stellen und erwärmen, bis die Schokolade geschmolzen ist. Darauf achten, dass kein Wasser in die Schokolade kommt.
3. Die Walnüsse erst in die warme Schokolade und dann in die Kokosraspel tauchen.
4. Die Pralinen auf Backpapier abkühlen lassen. Wenn sie kalt geworden sind, lassen sie sich leicht wieder ablösen. Das Naschen kann beginnen!

Ginkgo

Der Ginkgo wird in China und Japan auch Tempelbaum genannt. Er steht dort oft in der Nähe von Tempeln und gilt als heiliger Baum mit heilenden Eigenschaften. Der Ginkgo ist schon über 100 Millionen Jahre alt; das heißt, es gab ihn schon, als die Dinosaurier noch lebten! Auch die heutigen Ginkgobäume können sehr alt werden, manchmal bis zu 1000 Jahren.

Im Oktober und November kann man den Ginkgo an der Form und Farbe seiner Blätter ganz leicht erkennen. Der Baum selbst ist kegelförmig und seine Blätter werden im Herbst hellgelb. In China werden Ginkgoblätter „Entenfüße" genannt. Das versteht man sofort, wenn man sie einmal gesehen hat.

Bei den meisten Bäumen wachsen an einem Baum weibliche und männliche Blüten. Beim Ginkgo ist das anders: Es gibt sowohl männliche als auch weibliche Ginkgos. Beide tragen Blüten, aber nur beim weiblichen Baum werden daraus dann Früchte. In ihnen sind Nüsse, die man essen kann. Wenn man also einen Ginkgo mit Früchten sieht, ist es auf jeden Fall ein weiblicher Baum. Die Früchte sehen aus wie Mirabellen. Wenn sie reif sind und vom Baum fallen, riechen sie sehr unangenehm nach Erbrochenem. Viele Menschen beschweren sich über den Gestank, daher findet man meist nur noch männliche Bäume ohne Früchte. Das ist schade, denn wie Japaner und Chinesen wissen sind die Ginkgonüsse in den Früchten sehr lecker. Wer das Glück hat, in der Nähe eines weiblichen Ginkgobaums zu wohnen, kann vielleicht einen Chinesen oder Japaner treffen, der mit Essstäbchen die Früchte sammelt. Bevor ihr nun aber loszieht, um Ginkgonüsse zu suchen, solltet ihr bedenken, dass der Gestank schwer aus Kleidung und von den Händen zu bekommen ist. Am besten zieht ihr alte Kleidung an und nehmt Latexhandschuhe oder Plastiktüten für die Hände mit. Wer möchte schon tagelang nach Erbrochenem riechen?

Auch der Saft frischer Ginkgofrüchte kann manchmal Hautirritationen verursachen. Sobald die Nüsse geröstet oder gekocht sind, hat sich dieses Problem jedoch erledigt. Ginkgonüsse schmecken süßlich, ihr solltet sie unbedingt mal probieren. Aber immer nur ein paar, denn Ginkgonüsse sind nur in kleinen Mengen gesund. Kinder sollten höchstens fünf am Tag essen.

Weil Ginkgobäume sehr alt werden, essen Menschen die Ginkgonüsse auch, weil sie hoffen, dann ebenfalls lange zu leben.

geröstete ginkgonüsse

Man braucht:

Ginkgofrüchte

Nussknacker

2 EL Sonnenblumen- oder Erdnussöl

Pfanne

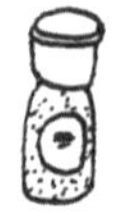
eine Prise (Meer-)Salz

Schale

Warnung:
Wenn man die Nüsse aus den Früchten pellt, hängt man mit der Nase direkt im Gestank. Man kann ihn etwas reduzieren, indem man die Früchte zum Entkernen in eine Schüssel mit Wasser gibt. Auch dabei sollte man Latexhandschuhe tragen. Die Fruchtreste am besten in einer Plastiktüte sammeln, die man fest zugeknotet sofort entsorgen kann.
Kinder sollten nicht mehr als fünf, Erwachsene nicht mehr als zehn Nüsse pro Tag essen.

Und so geht's:

1. Die Samen aus den Früchten pulen.
2. Die Samen mit dem Nussknacker öffnen, um an die essbare Ginkgonuss zu kommen. Bei dieser Nuss muss man noch die braune Haut abknibbeln.
3. Öl in der Pfanne erhitzen.
4. Die Nüsse hineingeben und 5 Minuten sachte rösten. Spezialeffekt: Die weißen Nüsse werden nun grün.
5. Den Herd ausstellen und die Nüsse in eine Schale geben. Sofort mit etwas Salz bestreuen.

Diese besonderen Nüsse isst man vermutlich nur einmal im Leben. Wenn man keinen weiblichen Ginkgobaum findet, kann man die Nüsse auch in chinesischen oder japanischen Supermärkten kaufen. Sie sind in Dosen verpackt und haben oftmals seltsame Namen wie „silver almonds“ (silberne Mandeln), „white nuts“ (weiße Nüsse) oder „Pankgor“. Manchmal muss man ein bisschen danach suchen.

ginkgo-Lesezeichen

Ein getrocknetes Ginkgoblatt ist ein schönes und nützliches Lesezeichen. In Ginkgoblättern ist ein Stoff, den Papierfischchen nicht mögen. Ein Ginkgo-Lesezeichen sorgt also dafür, dass Bücher nicht von Papierfischchen angefressen werden.

MAULBEERE

Als Letztes kommt die Maulbeere. Sie ist nicht ganz so selten wie der weibliche Ginkgo. Maulbeeren sind knorrige, dicke Bäume mit herzförmigen Blättern. Sie haben einen gezähnten Rand. Es gibt verschiedene Maulbeerbäume: mit roten, dunkellila oder weißen Früchten. Maulbeeren erinnern an Brombeeren. Der Seidenspinner und die Seidenraupe mögen am liebsten die weißen Maulbeeren; wir finden die roten und dunkellila Maulbeeren am besten.

Beim Pflücken solltet ihr unbedingt alte Kleidung tragen. Die Früchte lassen sich oft nicht so leicht lösen. Und selbst wenn man sie vorsichtig abzieht, kann Saft austreten. Man könnte danach sofort in einer Geisterbahn auftreten, die Spritzer sehen nämlich aus wie Blutspritzer. Maulbeeren sind nicht alle zur gleichen Zeit reif. Man kann sie von August bis Ende September pflücken.

maulbeeren-quarktorte

Man braucht:

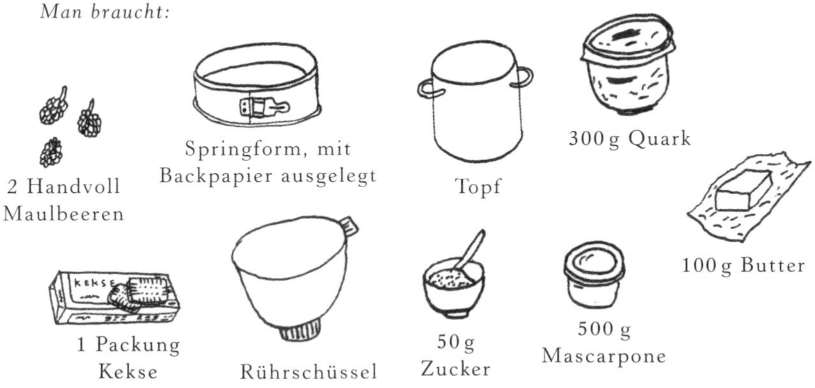

Und so geht's:

1. Die Butter in einem Topf schmelzen, vom Herd nehmen und etwas abkühlen lassen. Die Kekse in einer Schüssel zerkrümeln.
2. Kekskrümel und Butter miteinander vermischen. In der Springform gleichmäßig verteilen und andrücken. Etwa 10 Minuten in den Kühlschrank stellen.
3. Inzwischen Mascarpone, Quark und Zucker mit den Schneebesen des Rührgeräts verrühren. Die Maulbeeren in die Creme rühren. Einige Früchte aufbewahren, um den Kuchen später damit zu verzieren.
4. Die Masse auf dem Keksboden locker verteilen und den Kuchen mindestens zwei Stunden zugedeckt kalt stellen

Praktisch, so ein Kuchen, den man ohne Backen machen kann. Es dauert zwar auch ein bisschen, weil er im Kühlschrank durchziehen muss, aber dann kann geschlemmt werden!

Ihr könnt auch alle Brombeerrezepte mit Maulbeeren zubereiten (siehe Kapitel „Auf Expedition").

Bei Wind und Wetter!

Früher haben Kinder viel häufiger draußen gespielt. Das ist logisch, weil es natürlich noch keine Fernseher, Computer oder Spielkonsolen gab. Draußen gab es eine Menge zu erleben. Heutzutage, da es diese drei Dinge nun mal gibt, wird viel mehr drinnen gespielt. Aber deshalb kaum noch vor die Tür zu gehen, wäre jammerschade. Draußen, das beginnt schon auf der anderen Seite der Tür, und es gibt unglaublich viel zu entdecken und zu tun!

Die englische Organisation National Trust (www.nationaltrst.org.uk), eine Organisation für Denkmalpflege und Naturschutz, hat eine Liste mit 50 Aktivitäten für Draußen zusammengestellt, die man vor seinem 12. Geburtstag gemacht haben sollte.

In Deutschland gibt es die Naturschutzvereinigung NABU, die auf ihrer Internetseite immer wieder tolle Ideen für Erkundungen in der Natur veröffentlicht: www.nabu.de.

Wir haben eine eigene Liste mit 60 Dingen erstellt, die man draußen machen kann. In diesem Buch kann man nachlesen, wie lecker und vielfältig die Natur ist. Und wer ein paar der Ideen aus diesem Buch bereits umgesetzt hat, kann schon einige Dinge auf der Liste abhaken. Aber es gibt natürlich noch so viel mehr! Wenn man die Auflistung liest, bekommt man sofort Lust, vor die Tür zu gehen. Bei Wind und Wetter, zusammen mit Freundinnen und Freunden oder der Familie.

Was wir alles schon gemacht haben

- [ ] auf Bäume klettern
- [ ] von einer hohen Düne herunterrennen oder -rollen
- [ ] einen Stein übers Wasser springen lassen
- [ ] einen Drachen steigen lassen
- [ ] einen Schneemann bauen
- [ ] eine Schneeballschlacht machen
- [ ] auf einem zugefrorenen See oder Teich Schlittschuh laufen
- [ ] Schlitten fahren
- [ ] eine Blumenkette aus Gänseblümchen flechten
- [ ] Brombeeren pflücken
- [ ] Wassertierchen fangen
- [ ] Kastanien rösten
- [ ] Fossilien suchen
- [ ] eine Wiesenkerbelflöte bauen
- [ ] ein Schneckenwettrennen veranstalten
- [ ] jemanden am Strand im Sand einbuddeln
- [ ] eine Schnitzeljagd machen
- [ ] Schätze suchen am Strand
- [ ] Sandkuchen backen
- [ ] sich durch den Dreck rollen
- [ ] in Pfützen springen
- [ ] Hirsche röhren hören
- [ ] die Sonne aufgehen sehen
- [ ] tanzende Kühe beobachten
- [ ] Blumen trocknen
- [ ] Garnelen fangen
- [ ] ein Baumhaus oder eine Höhle bauen
- [ ] über Wassergräben springen
- [ ] über Wellen springen oder hineintauchen
- [ ] Muscheln suchen
- [ ] Brot im Lagerfeuer backen
- [ ] Kastanien und Eicheln suchen und daraus Männchen bauen
- [ ] in einem Zelt übernachten

- [ ] Eulengewölle untersuchen
- [ ] beim Schafscheren zusehen
- [ ] durch raschelndes Herbstlaub laufen
- [ ] eine Nachtwanderung machen
- [ ] Sterne gucken
- [ ] auf einer Eichelkappe pfeifen
- [ ] Eicheln suchen und zu einem Bauernhof bringen
- [ ] Bucheckern suchen und daraus Bonbons machen
- [ ] einen Fliegenpilz suchen
- [ ] Brennnesseln suchen und eine Hexensuppe kochen
- [ ] strandräubern
- [ ] eine Wattwanderung machen
- [ ] ein Boot aus Schilf bauen
- [ ] einen Abend- oder Nachtspaziergang durch frisch gefallenen Schnee machen
- [ ] eine Schleuder bauen
- [ ] mit einer Lupe ein Feuer anzünden
- [ ] Tierspuren untersuchen
- [ ] angeln
- [ ] Krabben fangen
- [ ] aus Spinnennetzen einen Spiegel bauen
- [ ] aus Meersalat Fischfutter herstellen
- [ ] aus Hagebutten Juckpulver machen
- [ ] ein Lagerfeuer machen
- [ ] Lämmer und Zicklein mit einer Flasche füttern
- [ ] zusehen, wie Kühe gemolken werden
- [ ] ein Ameisenhotel bauen
- [ ] Austern oder essbare Muscheln suchen

Diese Liste ist noch längst nicht vollständig: Bestimmt hat jeder von euch noch eine tolle Idee, was man tun könnte oder gemacht haben sollte. Und wenn ihr uns fragt, muss es auch nicht vor dem 12. Geburtstag sein. Das kann man auch danach noch! Wir sind auch immer noch nicht fertig.